ISBN 978-3-662-22846-3 ISBN 978-3-662-24780-8 (eBook)
DOI 10.1007/978-3-662-24780-8

Die in den Sitzungsberichten Abt. I und Abt. II der math.-nat. Klasse der Österr. Akad. d. Wiss. erscheinenden Abhandlungen werden auch einzeln abgegeben. Sie können durch jede Buchhandlung oder direkt durch die Auslieferungsstelle der Österreichischen Akademie der Wissenschaften (Wien I, Singerstraße 12) bezogen werden.

Nachfolgende Abhandlungen aus dem Fach **Physik** sind erschienen:

1950 (1950) (S II a, Bd. 159):

Blau Marietta: Bericht über die Entdeckung der durch kosmische Strahlung erzeugten „Sterne" in photographischen Emulsionen, 4 Seiten. S 4.—

Danninger R. und Sirk H.: Theorie des in einer magnetisch abgelenkten Glimmentladung auftretenden Druckgefälles, 4 Seiten. S 3.40

Feuchtinger K.: Ableitung des zweiten Hauptsatzes für reversible Prozesse (mit 2 Abbildungen). S 3.40

Glaser W.: Zur wellenmechanischen Theorie der elektronenoptischen Abbildung (mit 2 Abbildungen), 63 Seiten. S 58.—

Haupt H.: Über Phasenkoeffizienten und Albedo der kleinen Planeten Ceres, Pallas, Juno und Vesta, 20 Seiten. S 21.60

Hess V. F: Persönliche Erinnerungen aus dem ersten Jahrzehnt des Instituts für Radiumforschung, 3 Seiten. S 4.—

Hevesy G. v.: Erinnerungen an die alten Tage am Wiener Institut für Radiumforschung, 2 Seiten. S 4.—

Meyer St.: Die Vorgeschichte der Gründung und das erste Jahrzehnt des Institutes für Radiumforschung, 26 Seiten. S 4.—

Paneth F. A.: Aus der Frühzeit des Wiener Radiuminstituts. Die Darstellung des Wismutwasserstoffs, 3 Seiten. S 4.—

Przibram K.: 1920 bis 1938, 7 Seiten. S 4.—

Rieder W.: Der Szilard-Chalmers-Effekt mit langsamen und schnellen Neutronen (mit 5 Abbildungen), MIR Nr. 462, 14 Seiten. S 13.—

Wieninger L. und Adler N.: Über die Verfärbung von nat. Steinsalzkristallen durch Bestrahlung mit α-Teilchen von RaF (mit 7 Abbildungen), MIR Nr. 472, 12 Seiten. S 13.80

Wieninger L.: Über die Bestrahlung natürlicher, gefärbter Steinsalzkristalle mit α-Teilchen von RaF (mit 7 Abbildungen), MIR Nr. 466, 15 Seiten. S 15.—

Wieninger L. und Adler N.: Über den Einfluß der Erwärmung auf das Absorptionsspektrum des mit RaF-x-Strahlen verfärbten Steinsalzes (mit 7 Abbildungen), MIR Nr. 467, 11 Seiten. S 9.60

Wieninger L.: Über die Verfärbung von gepreßten Steinsalzkristallen durch Bestrahlung mit α-Teilchen von RaF (mit 5 Abbildungen), 12 Seiten. S 9.60

1951 (S II a, Bd. 160):

Bernert Traude: Radiumbestimmungen an Tiefseesedimenten (mit 3 Abbildungen), MIR Nr. 483, 12 Seiten. S 6.30

Böhm W.: Kolloide und Farbzentren in additiv verfärbtem Steinsalz (mit 5 Abbildungen), 18 Seiten. S 8.—

Brukl A., Hernegger F. und Hilbert Hermine: Zur Kenntnis neuer in der Natur vorkommender α-Strahler (mit 9 Abbildungen), MIR Nr. 482, 17 Seiten. S 5.50

Mayerl Margarete: Bestimmungen der optischen Konstanten des Calciums und Anwendung der Mieschen Theorie auf die Verfärbung des Flußspates (mit 5 Abbildungen), 7 Seiten. S 3.50

Wieninger L.: Ein Beitrag zur Klärung der Frage nach Wesen und Ursprung der Violett- bzw. Blaufärbung natürlicher Steinsalzkristalle (mit 13 Abbildungen) MIR Nr. 474, 33 Seiten. S 10.50

1952 (S II a, Bd. 161):

Begemann F. und Houtermans F. G.: Herstellung einer Radium-D-E-F-Standard-Lösung, MIR Nr. 492, 4 Seiten. S 3.40

Brandstaetter F.: Bemerkungen über H. Maches Methode zur Bestimmung des Diffusionskoeffizienten von Luft in Wasser (mit 4 Abbildungen), 23 Seiten. S 13.—

Hawliczek F.: Eine stabilisierte Kaskadenhochspannung für den Betrieb von Geiger-Müller-Zählrohren (mit 10 Abbildungen), MIR Nr. 485, 8 Seiten. S 9.—

Mitteilung Nr. 100 aus dem Forschungsinstitut Gastein der Österreichischen Akademie der Wissenschaften

Uran und andere radioaktive Stoffe als Spurenelemente im Austrittsgebiet der Gasteiner Therme und die Quellabsätze aus dem Thermalwasser

Von

F. Scheminzky und **E. Müller**[1]

(Mit 10 Tafeln)

(Vorgelegt in der Sitzung am 8. Jänner 1959)

Inhaltsübersicht

---

[1] Teilweise ausgeführt mit einer von der Österreichischen Akademie der Wissenschaften aus Mitteln der Seegen-Stiftung gewährten Subvention, mit welcher durch Verbesserungen am chemischen Laboratorium des Forschungsinstitutes Gastein die vorliegenden Untersuchungen zu einem vorläufigen Abschluß gebracht werden konnten. Für diese Subvention sei hier der Österreichischen Akademie der Wissenschaften unser besonderer Dank ausgesprochen. Danken möchten wir ferner Herrn Ing. Komma für chemische Untersuchungen, Herrn Dr. H. Pitschmann für die botanische Bestimmung der von uns gesammelten Moose, Herrn Dr. E. Pohl für radiologische Messungen und Herrn Dr. H. Sitte für elektronenmikroskopische Aufnahmen.

Die sehr bemerkenswerte Radioaktivität der in Badgastein (Salzburg) mit über 80 Einzelaustritten entspringenden Therme wurde im Jahre 1904 gleichzeitig durch Mache [1] sowie durch Curie und Laborde [2] entdeckt, von welchen Autoren der erste im Thermalwasser zahlreicher Austritte einen erheblichen Gehalt an Radiumemanation (Radon) nachwies, die letzten beiden das gleiche radioaktive Spurenelement in den frei aufsteigenden Gasen der Quelle XIV — Grabenbäcker-Quelle fanden. Gleichfalls schon 1904 wurde von Mache [1] sowie von Dorn [3] auch über einen geringen Gehalt an Radiumelement im Gasteiner Thermalwasser berichtet, ein später auch von Hesius [4], Kolhörster [5] sowie Mache [6] selbst bestätigter und auf weitere Gasteiner Quellaustritte erweiterter Befund. Schließlich wurde in diesem Heilwasser auch Thorium von Mache und Bamberger [7] vorgefunden. Bis zum Jahre 1937 waren somit in der Gasteiner Therme an radioaktiven Stoffen Radium, Radon und Thorium nachgewiesen; ein Vorhandensein von Folgeprodukten des Radons und des Thoriums mußte entsprechend den Zerfallsvorgängen angenommen werden. Diejenigen der Radiumemanation sind inzwischen auch von Aurand, Jakobi und Schraub [8] nachgewiesen worden; die kurzlebigen Folgeprodukte fanden sich im Thermalwasser am jeweiligen Quellmund allerdings in einem ausgesprochenen Unterschuß vor, da sie im Mittel nur mit weniger als 20% der Gleichgewichtsmengen vorkamen.

Das Mutterelement der Radiumreihe, das Uran, schien bis zum Jahre 1937 nicht vorhanden zu sein, was schon Mache [1, 17] besonders vermerkte; erst in diesem Jahre gelang es Karlik, für Untersuchungen von Dittler und Abrahamczik [9] Uran mittels der fluoreszierenden Natriumfluoridperle im „Reissacherit" der Quelle IX-Elisabeth-Quelle aufzufinden. Der „Reissacherit" — nach seinem Entdecker Bergverwalter K. Reissacher benannt — stellt einen an den Quellaustritten und in den Sammelbehältern des Gasteiner Thermalwassers sich absetzenden, aus Mangan- und Eisenoxydhydraten bestehenden, braunen und fein aufgeteilten Quellschlamm dar, welcher auch Radiumelement und andere Schwermetalle aus dem Heilwasser teilweise absorbiert. Im Thermalwasser selbst gelang der Urannachweis damals noch nicht. Veranlaßt durch die Funde sekundärer fluoreszierender Uranmineralien im heißen Radhausberg-Unterbaustollen bei

Böckstein (Pasel-Stollen, heute auch Thermalstollen genannt) durch Zschoke [10], wurde 1946, nach Wiederinbetriebsetzung des Forschungsinstitutes Gastein, die Suche nach dem Spurenelement Uran im Gasteiner Quellgebiet wieder aufgenommen; dabei bewährte sich so wie im Pasel-Stollen auch hier die Ableuchtung mit gefiltertem ultraviolettem Licht. So konnten — zehn Jahre nach dem von Karlik [9] geführten Urannachweis im Reissacherit — mittels der Hanauer Analysenlampe S 100 (Hauptwellenlänge von 366 mμ) in der 450 Jahre unberührt gebliebenen Quelle X-Fledermaus-Quelle erstmals uranhaltige fluoreszierende Quellsinter aufgefunden werden. Als später die amerikanische „Mineralight"-Lampe mit einem Quecksilber-Niederdruckbrenner und der Hauptwellenlänge von 254 mμ zur Verfügung stand und mit Hilfe eines am Forschungsinstitut Gastein dazu gebauten Batteriegerätes mit Zerhacker unabhängig von jedem Netzanschluß betrieben werden konnte, wurden uranhaltige Quellsinter und sonstige sekundäre Uranmineralien auch noch an vielen anderen Stellen des engeren und weiteren Quellgebietes nachgewiesen. Die Fortsetzung dieser Untersuchungen ergab, daß auch viele im gefilterten ultravioletten Licht nicht fluoreszierende Quellsinter und Absätze auch Uran enthalten. Schließlich gelang der Nachweis dieses Elementes im Thermalwasser selbst, ferner in den niederen und höheren Pflanzen, welche im Thermalwasser oder in der Nähe seiner Austritte vorkommen. Obwohl wir derzeit über die etwaige balneotherapeutische Bedeutung dieses Spurenelementes nichts aussagen können, sind die im folgenden näher beschriebenen Befunde allein schon von geochemischem, hydrologischem, mineralogischem und biologischem Interesse.

Kurze Charakteristik der Gasteiner Therme

Bevor wir auf die Ergebnisse unserer Untersuchungen näher eingehen, soll eine kurze Charakterisierung der Gasteiner Therme erfolgen. Diese kommt aus gewachsenem Fels oder durch Moränenschutt mit — wie schon erwähnt — mehr als 80 Einzelaustritten zum Vorschein, von denen einzelne selbständig sind, andere wegen ihrer Häufung auf engem Raum zu mehreren eine „Quelle" bilden. Insgesamt lassen sich 19 „Quellen" unterscheiden (Tab. 1 sowie Abb. 1 auf Tafel I), von denen zwei zwar oberflächlich versiegt, unterirdisch aber wahrscheinlich als schwächere Thermalwasserriesel noch vorhanden sind. Von den sichtbaren 17 Quellen werden derzeit nur 13 balneotherapeutisch genutzt, deren Austrittstemperatur zwischen 36,2 und 48,3° C liegt. Alle verwerteten Quellen sind durch kürzere

Tabelle 1. Übersicht über die Thermalquellen von Badgastein

(Messungen des Forschungsinstitutes Gastein)

Quelle Nr.	Quelle Name		Eigentümer	Seehöhe m	Austritte Art	Austritte Zahl	Ergiebigkeit m^3/Tag	Temp. °C	Radioaktivität in 10^{-9} c/l	Anmerkung
I	Franz-Josefs-Quelle		Gemeinde	1034	aus Fels	27	195	43,9	5,60	
II	Rudolfs-Quelle		Gemeinde	1018—1019	aus Blockwerk	10	432	46,6	6,22	
IIa	Post-Quelle (Warmwasseraustritte im Keller des Postgebäudes, wahrscheinlich Verlustwasser der Quelle II) nicht genützt									
IIb	Gruberhaus-Quelle (kühles Wasser aus dem Hang des Badberges) nicht genützt									
III	Wasserfall-Quelle		Gemeinde	1011—1015	aus Fels	5	349	36,3	37,7	
IV	Alte Franzens-Quelle		Gemeinde	1007	aus Blockwerk	1	4	44,5	16,6	
V	Lainer-Quelle		Lainer-Haus	1006	aus Blockwerk	2	179	46,4	25,6	
VI	Doktor-Quelle	Austritt 1	Gemeinde	1002	aus Fels	2	99	40,4	20,5	
		Austritt 2						44,4	26,5	
VII	Neue Franzens-Quelle		Gemeinde	1001	aus Blockwerk	2	18	43,2	0,28	
VIII	Wandelbahn-Quelle, versiegt (als unterirdischer Thermalwasserriesel wahrscheinlich noch vorhanden)									
IX	Elisabeth-Quelle	Austritt 1 (Portal-Qu.)	Gemeinde	995—996	aus Blockwerk	12	68	42,2	21,3	nicht genützt
		Austritte 2 + 3					563	45,1	57,6	
		Austritte 4—12					1887	46,3	52,8	

X	Fledermaus-Quelle	Austritt 1	Gemeinde	983	aus Fels	5	14	33,3	122,0	nicht genützt
		Austritt 2						35,2	64,3	
		Austritt 3						36,5	108,0	
		Austritt 4						34,2	84,5	
		Austritt 5						36,6	124,0	
XI	Mitteregg-Quelle	Austritt 1	Gemeinde	976	aus Blockwerk	2	22	38,1	4,28	nicht genützt
		Austritt 2					2	29,7	36,0	
XII	Reissacher-Quelle		Gemeinde	975	aus Blockwerk und Fels	6	378	39,5	52,8	
XIII	Kanal-Quelle (Austritt 3 versiegt)	Austritt 1	Gemeinde	972	aus Blockwerk	4	37	24,0	6,32	nicht genützt
		Austritt 2					6	23,6	1,30	nicht genützt
		Austritt 4					62	35,6	21,4	
XIV	Grabenbäcker-Quelle		Grabenbäcker Kurhaus	968	aus Fels	1	106	36,4	55,1	
XV	Spritzwand-Quelle, versiegt (als unterirdischer Thermalwasserriesel wahrscheinlich noch vorhanden)									
XVI	Sophien-Quelle		Gemeinde	964	aus Fels	1	107	37,9	72,1	
XVII	Mesnil-Quelle		Grabenbäcker Kurhaus	958	aus Fels	1	119	37,0	62,0	
XVIII	Grabenwirt-Quelle		Gasteiner Hof	954	aus Hangschutt	3	?	23,0	3,5	nicht genützt
XIX	Strochner-Quelle		Gemeinde	937	aus Hangschutt	1	261	16,1	0,19	nicht genützt

Anmerkung: Die Messungen an den genutzten Quellen I bis VII, IX und XII bis XVII erfolgten am 24. 8. 1956, die Messungen an der Quelle X am 20. und 22. 9. 1954, die an den übrigen Quellen in den Jahren 1948—1950.

oder längere Stollen, Schächte, Becken oder Ummauerung der Austrittsspalten gefaßt, während die ungenützten Quellen aus Felsspalten, als Hangriesel oder durch Entwässerungsschlitze zutage kommen. Die Gesamtschüttung der Gasteiner Therme beträgt rund 4,8 Millionen Liter/Tag. In chemischer Hinsicht hat das Thermalwasser mit rund 400 mg/kg an insgesamt gelösten Stoffen eine akratische Konzentration und den Charakter eines Natrium-Calcium-Sulfat-Hydrogen-carbonat-Wassers. Die Hauptbestandteile ebenso wie die Begleitelemente spielen balneotherapeutisch keine wesentliche Rolle; entscheidend sind dagegen die Spurenelemente, zu welchen u. a. auch die schon früher erwähnten radioaktiven Stoffe gehören; balneotherapeutisch von Interesse ist vielleicht noch das Fluor (rund 5 mg/kg), geochemisch dagegen das Vorkommen von Antimon, Arsen, Beryllium, Gallium, Germanium, Molybdän, Titan, Vanadium, Ytterbium und Zirkonium (vgl. die zusammenfassende Darstellung bei Scheminzky [11, 12]). Besonders bemerkenswert ist die in engster Nachbarschaft mit den anderen Thermalquellen liegende Quelle VII-Neue Franzens-Quelle, die wohl nach Temperatur und Fluorgehalt [13] [2] als echte Thermalquelle anzusehen ist, im Gegensatz zu den anderen Gasteiner Thermalwasseraustritten aber mit einem Radongehalt von bloß $0{,}28 \cdot 10^{-9}$ C/Liter (rund 0,8 Macheeinheiten) jedoch als praktisch inaktiv anzusehen ist; denn bei den übrigen genützten Quellen beträgt die Aktivität 5,6 bis $142 \cdot 10^{-9}$ C/Liter (rund 68 bis 390 Macheeinheiten).

Untersuchungsergebnisse

A. Uranhaltige Quellsinter und sekundäre Uranmineralien

1. Erscheinungsform, Eigenschaften und Vorkommen uranhaltiger Quellsinter sowie sekundärer Uranmineralien

Unter Sintern sollen hier — im Gegensatz zu den später behandelten schlammartigen bzw. gallertigen Absätzen — jene mineralischen Ausscheidungen aus dem Gasteiner Thermalwasser verstanden werden, welche feste Massen und Formen bilden. Chemisch bestehen sie vorwiegend aus Calciumcarbonat, jedoch mit einem mehr oder weniger großen Anteil an Kieselsäure (vgl. Tab. 3).

---

[2] Alle Thermalquellen von Badgastein enthalten rund 5 mg Fluor/kg, dagegen die kalten Wässer aus dem Zentralgneis in der näheren Umgebung von Badgastein nur 0,108 bis 0,272 mg/kg, Trinkwässer im Gasteiner Tal nördlich von Badgastein von der Nichtnachweisbarkeit bis zu 0,065 mg/kg [13]. In der Mallnitzer Quellfassung II auf der anderen Seite der Tauernkette wurden 0,46 bis 0,57 mg/kg gefunden, in einem Warmwasser, das im Druckstollen Lend für das Kraftwerk Schwarzach der Tauernkraftwerke ausbrach, dagegen 1,17 mg/kg (die letzterwähnten Werte nach Untersuchungen von E. Komma, vgl. [11]).

Die charakteristische Grundform dieser Kalksinter im Bereich der Gasteiner Thermalwasseraustritte sind warzen- bis knöpfchenförmige Gebilde; sie können bei größerer Mächtigkeit der Ausscheidung miteinander konfluieren und flächenhafte Warzensinter mit höckeriger Oberfläche bilden (Abb. 2 auf Tafel II) oder auch, sogar bei reichlichem Vorkommen, als selbständige Individuen erhalten bleiben (Abb. 3 auf Tafel II). Im letzteren Falle kann es sich um gestielte Köpfchen (Abb. 3 auf Tafel II), um pilzartige Formen, um zylindrische bis kegelförmige Gebilde, ja sogar auch um geweihartig verzweigte Figuren handeln; die Mannigfaltigkeit der Sinterformen ist sehr groß und die Aufdeckung der Ursachen ihrer so verschiedenen Gestalt an den einzelnen Fundorten ist noch Gegenstand laufender Beobachtung und Untersuchung von G. Mutschlechner und F. Scheminzky.

Auf die für die Gasteiner Quellaustritte geradezu charakteristischen Warzen- und Knöpfchensinter[3], die lange Zeit unbeachtet geblieben sind, hat erstmalig

---

[3] Es ist möglich, daß diese Warzen- und Knöpfchensinter allgemein für Thermalquellen charakteristisch sind; jedenfalls konnten Scheminzky und Grabherr [16] ähnliche Sinterformen, wenn auch mit geringer Mannigfaltigkeit der Gestalt, noch an zwei weiteren Thermalquellen Österreichs (Hintertux/Tirol und Kleinkirchheim/Kärnten) finden, welche zwar nicht fluoreszierten, aber doch Spuren von Uran enthielten. — Nach Abschluß unseres Manuskriptes erhielten wir das Werk von R. Ishizu „The mineral springs of Japan", Tokyo 1915, durch welches wir auf einen japanischen Quellsinter „Hokutolith" aufmerksam wurden. Dieses radioaktive Mineral, bestehend aus einem Gemisch von $BaSO_4$ und $PbSO_4$ mit rhombischer Kristallisation, setzt sich aus den heißen Quellen von Tohuko (Formosa, 48,5 bis 94° C) und Shibukuro (Provinz Ugo, Temperatur nicht angegeben) ab. Es handelt sich dabei um eine ausgesprochene Unterwasserbildung, deren Oberfläche nach einem in unserer Sammlung befindlichen grauen Musterstück nur eine feingranulierte Oberfläche zeigt. Nach dem genannten Werk gibt es aber noch eine zweite Bildungsform eines solchen Quellsinters, die sich als graue, feste, amorphe, nichtradioaktive Kruste an der Wasserstandslinie bildet und sich zu 77,10% aus SiO_2, neben 2,48% SO_3, 2,27% Al_2O_3, 2,11% Fe_2O_3 und einem noch kleineren Gehalt an CaO, MgO, Na_2O, K_2O sowie einem Glühverlust von 14,94% zusammensetzt; eine solche Form ist in Fig. 1 und 2 auf Tafel 3 des angeführten Buches abgebildet und läßt deutlich eine warzig-höckerige Oberfläche, ähnlich unseren Warzen- und Knöpfchensintern, erkennen. Ishizu geht auf diese besondere Oberflächenbeschaffenheit allerdings nicht ein. Für das unter Wasser gebildete radioaktive Mineral Hokutolith wird ausdrücklich angegeben, daß es kein Uran enthält; auch wir konnten an dem in unserem Besitz

Grabherr [14] aufmerksam gemacht. Ähnlich wie dies von Magdeburg [15] für die Warzensinter in den Höhlen der Fränkischen Schweiz beschrieben wurde, sind bei der Bildung der Gasteiner Sinterformen nach Scheminzky und Grabherr [16] auch Blaualgen beteiligt; die Gasteiner Sinter stellen somit wenigstens teilweise keine rein anorganische Bildung dar.

Gegenüber sonstigen Kalksintern besitzen jene aus Badgastein die Besonderheit, daß in ihnen das Spurenelement Uran in kleinsten Mengen vorkommt. In manchen dieser Sinter ist das Uran sogar imstande, als Fluoreszenzanreger zu wirken, so daß diese im gefilterten ultravioletten Licht mit gelbgrüner Farbe aufleuchten. Zur Zeit der Veröffentlichung von Scheminzky und Grabherr [16] waren uns solche fluoreszierende Sinter nur von der Quelle X-Fledermaus-Quelle bekannt, da damals, wie schon erwähnt, nur mit der Wellenlänge 366 mμ gesucht werden konnte. Bei Anwendung der energiereichen kurzwelligen UV-Strahlung von 254 mμ mittels des Quecksilber-Niederdruckbrenners zeigt sich aber, daß uranhaltige fluoreszierende Sinter auch — im allgemeinen eher reichlich, jedenfalls aber wenigstens vereinzelt — bei fast allen Gasteiner Quellaustritten vorkommen.

Im Gegensatz zu den Analysenlampen für die Wellenlänge von 336 mμ haben die amerikanischen Typen für 254 mμ den Nachteil, daß das vorgeschaltete Sperrfilter für das sichtbare Licht immer noch Strahlen bis zu 440 mμ durchläßt.

---

befindlichen Musterstück weder eine Fluoreszenz noch einen Urangehalt durch Einschmelzen einer Probe in eine Natriumfluoridperle nachweisen. Wie sich diesbezüglich die Bildungen von der Wasserstandslinie mit ihrer warzigen Oberfläche verhalten, ist uns nicht bekannt. — Ebenfalls bei Abschluß des Manuskriptes erreichte uns die Nachricht (briefliche Mitteilung), daß Prof. Dr. F. Kirchheimer (Geolog. Landesamt Baden-Württemberg) an den Quellen von Baden-Baden (63,0 bis 65,5° C) uranhaltige Warzensinter ähnlich denen von Badgastein mit Blaualgenbeteiligung an ihrer Bildung entdeckt hat, welche z. T. auch im gefilterten ultravioletten Licht fluoreszieren; nach einem uns übermittelten Musterstück erinnern diese Sinter an diejenigen der Quelle X-Fledermaus-Quelle von Badgastein. — Kürzlich gelang es uns überdies auch, an einem Gesteinsbruchstück der künstlich errichteten Böschung hinter der Quelle II-Ursprungs-Nebenquelle von Bad Vöslau (N.-Ö.) mit 22,7° C Warzensinter mit feinen gestielten Köpfchen aufzufinden, welche zwar im gefilterten ultravioletten Licht keine Fluoreszenz aufwiesen, in eine Natriumfluoridperle eingeschmolzen vielleicht aber doch einen minimalen Urangehalt erkennen ließen. — Unsere Vermutung, daß Warzen- und Knöpfchensinter eine für Thermalquellen charakteristische Bildung sind, wird durch alle diese Befunde jedenfalls wesentlich bestärkt.

Deshalb ist der nichtfluoreszierende Untergrund oder die nichtfluoreszierende Umgebung von Uranmineralien violett gefärbt und erscheint nicht schwarz, wie bei Anwendung der praktisch alles sichtbare Licht sperrenden Nickeloxydglasfilter der Hochdruck-Analysenlampen. Außerdem genügt für die Photographie der Fluoreszenzerscheinungen als UV-Sperrfilter vor dem Kameraobjektiv nicht mehr das sonst verwendete Glas von Schott & Gen. GG 13 oder GG 4: man muß vielmehr Filter anwenden, welche auch noch den sichtbaren Violettanteil im Licht der Niederdruck-Analysenlampen zurückhalten. Leider zeigen gerade die dafür geeigneten Gläser wieder eine bemerkenswerte Eigenfluoreszenz im UV. Es ist uns aber gelungen, diese Schwierigkeiten zu beseitigen, bei der visuellen Beobachtung durch Verwendung einer besonderen Brille, bei den Fluoreszenzphotographien durch geeignete Filterkombinationen (Abb. 4 bis 7 auf den Tafeln III bis V); selbst Farbaufnahmen auf Agfacolor-Film waren einwandfrei möglich. Auf die technischen Einzelheiten soll aber hier aus Raumgründen nicht eingegangen, sondern in einer gesonderten Veröffentlichung berichtet werden.

Neben den Warzen- und Knöpfchenformen kamen auch Sinter in flächenhafter Ausbildung zur Beobachtung, so z. B. an der frei liegenden Gneisoberfläche an der Ortsbrust des Nordschlages im Stollen der Quelle I-Franz-Josefs-Quelle, wo sie auch über kurze Strecken in die Spalten und Risse des Gesteines eindringen (Abb. 6 auf Tafel IV). Flächenhaft sind auch die bis zu 1 cm dicken Sinterkrusten an den Ulmen des Stollens der Quelle X-Fledermaus-Quelle (Abb. 7 auf Tafel V), die sich in der auch heute noch ungenützten Quelle in einer Zeit von rund 450 Jahren ungestört entwickeln konnten. Sonst beträgt die Dicke der Sinter an den anderen, erst in jüngerer Zeit gefaßten oder neu gefaßten Quellaustritten bloß wenige Millimeter bis zu hauchdünnen Anflügen; lediglich isoliert bleibende Warzen und Knöpfchen können eine Größe bzw. Höhe bis zu 1 cm erreichen.

Daß die gelbgrüne bis grüne Fluoreszenz der Sinter tatsächlich auf das Vorhandensein von Uranspuren zurückzuführen ist, geht aus dem Spektrum des erregten Fluoreszenzlichtes hervor (Abb. 9 auf Tafel VI), das mit dem besonders für kleine Objekte von Scheminzky [18] entwickelten Contax-Fluoreszenzspektrographen aufgenommen wurde. Es handelt sich in allen Fällen um ein Bandenspektrum mit stark verwaschenen Banden, wie es von Haberlandt, Hernegger und Scheminzky [19] auch für den Glasopal und den sogenannten schwachen grünen Leuchter vom Pasel-Stollen bei Böckstein sowie für den Kalk-Opalsinter aus der Quelle X-Fledermaus-Quelle bereits beschrieben worden ist; die gesamten fluoreszierenden Sinter des Gasteiner Quellgebietes dürften demnach dem Kalk-Opalsinter angehören, bei welchem die Opalsubstanz Träger der grünen Uranfluoreszenz ist. Die beiden in den Spektren der Abb. 9 sichtbaren Linien bei 546 und 693 mμ gehören nicht dem Uranylkomplex an, sondern stammen vom erregenden Licht des Quecksilber-Niederdruckbrenners. Aus ihrer Stärke läßt sich unmittelbar die Helligkeit des Fluoreszenzlichtes erkennen, denn je schwächer die Fluoreszenz ist, um so länger wird die Belichtungszeit und um so stärker treten diese Linien hervor; von starker zu schwacher Fluoreszenz geordnet, ergibt sich somit die Reihenfolge: Flächensinter der Quelle X-Fledermaus-Quelle (Spektrum *f*), Warzensinter der Quelle I-Franz-Josefs-Quelle, Austritt 10 (Spektrum *b*), Flächensinter der Quelle I-Franz-Josefs-Quelle von der Ortsbrust (Spektrum *c*), U-Mineral von der Felswand hinter dem Kurkasino, vgl. später (Spektrum *d*) und Warzensinter der Quelle V-Lainer-Quelle (Spektrum *e*).

Der Urangehalt der Sinter und sekundären Uranmineralien (vgl. später) läßt sich außerdem noch mit der fluoreszierenden Natriumfluoridperle nach Nichols und Slattery [20] — die nach Hernegger [21] sowie Hernegger und Karlik [22] auch quantitativ ausgewertet werden kann — sofort nachweisen.

Eine Perle aus uranfreiem Natriumfluorid, in eine Platinöse eingeschmolzen, bleibt im gefilterten ultravioletten Licht der Wellenlänge 366 mμ dunkel, zeigt jedoch eine mehr oder weniger intensiv gelbe Fluoreszenz mit einem charakteristischen Bandenspektrum (Hauptbande bei 554 mμ), wenn in das Natriumfluorid winzige Bruchstücke eines solchen Sinters eingeschmolzen werden. Calcium stört im allgemeinen diesen Urannachweis durch Verschieben der Fluoreszenzfarbe nach Grün und durch das Auftreten von zwei Kalkbanden im Spektrum des erregten Fluoreszenzlichtes (mit den kurzwelligen Kanten bei 513 und 532 mμ), von denen die längerwellige über die erwähnte Hauptbande des Uran-Perlenspektrums hinausreicht und sie nicht sicher erkennen läßt; bei den Gasteiner Sintern waren in vielen Fällen wohl auch die Kalkbanden im Fluoreszenzspektrum deutlich, doch genügten für den Urannachweis so kleine Substanzmengen, daß die Hauptbande der Uranperle deutlich erkennbar blieb, ohne durch die längerwellige Kalkbande bereits verdeckt zu sein. Auch die Farbe der Perle selbst wurde in solchen Fällen wohl von Gelb nach Gelbgrün, aber nie zu einem solchen Grün verschoben, das sonst sofort erkennen läßt, daß die Identifizierung der Hauptbande von 554 mμ im Spektroskop nicht möglich sein wird.

Auch abseits von den eigentlichen Quellaustritten kommen im Raum von Badgastein sekundäre Uranmineralien vor, deren Fundstellen in Abb. 1 (Tafel 1) mit *A* bis *E* eingetragen sind. So konnten wir gemeinsam mit Haberlandt und Schiener [23] an der Felswand der ersten Kanzel des Wasserfallweges auf der orographisch rechten Seite der Wasserfallschlucht (*A* in Abb. 1) grün fluoreszierende Uranmineralien finden, die in gewöhnlichem Licht nicht zu erkennen waren; ähnliches Material ließ sich auf der anderen Seite der Wasserfallschlucht, von der Felswand hinter dem Kurkasino (ehemals Hotel Austria), aufsammeln, an welcher Stelle in den letzten Jahren durch Sprengungen für einen Parkplatz neue Gesteinsaufschlüsse zustande kamen (*B* in Abb. 1). Weitere gleichartige Funde wurden in einem alten Stollen gemacht, welcher in die Felswand hinter dem Kurkasino vorgetrieben ist (*C* in Abb. 1), ferner in dem erst während des letzten Krieges angelegten Luftschutzstollen gegenüber dem Hotel Europe (*D* in Abb. 1). Schließlich fanden wir fluoreszierende Uranmineralien auch im Stollen der sogenannten Windischbauer-Quelle in der Zottelau dicht am Ufer der Gasteiner Ache (nicht radioaktive Quelle mit 9,1° C), etwa in der Falllinie unter dem Forschungsinstitut Gastein (vgl. Scheminzky [24], sowie auf einem vor ihr am Achenufer liegenden Felsblock (*E* in Abb. 1). Das Fluoreszenzspektrum aller dieser Uranmineralien entspricht, wie das Beispiel *d* in Abb. 9 (Tafel VI) zeigt, im wesentlichen auch dem des Kalk-Opalsinters wie beim fluoreszierenden Material von den Gasteiner Quellaustritten. Der Urangehalt aller dieser Mineralien wurde außerdem noch mit der Natriumfluoridperle nachgewiesen. Als neuartige Erscheinungsform fanden wir mit Haberlandt und Schiener zarte bis millimeterdicke, grasgrüne, blaugrüne und braungrüne Gesteinsüberzüge auf der Felswand hinter dem Kurkasino (*B* in Abb. 1), welche nicht fluoreszierten, aber mit der Natriumfluoridperle doch eine sehr deutliche Uranreaktion gaben [23].

Schließlich ist noch sonstiges uranhaltiges Material zu erwähnen, das in den meisten Fällen nicht in charakteristischer Art oder überhaupt nicht fluoreszierte, jedoch eine positive Reaktion mit der Natriumfluoridperle lieferte. So hat Ballczo [25] einen blaugrünen Absatz aus stark calciumhaltigem Kupfersulfat mit verschiedenen Spurenelementen in der Quelle X-Fledermaus-Quelle gefunden, welcher eine grüne Fluoreszenz mit drei charakteristischen Uranbanden zeigte. Eine ähnliche malachitfarbige Kruste von bröckeliger Konsistenz, jedoch nicht fluoreszierend, kommt nach unseren Untersuchungen knapp vor dem Austritt 10 in der Quelle I-Franz-Josefs-Quelle als daumenbreites horizontales Band rund 1 m über der Sohle des Stollens vor; die qualitative Prüfung auf Kupfer fiel positiv aus, sehr deutlich war die Uranreaktion mit der Natriumfluoridperle. Uranhaltig erwiesen sich ferner schwarzbraune mulmige Ausfüllungen von Gesteinsspalten in der Felswand hinter dem Kurkasino (*B* in Abb. 1), die vermutlich einem alten Thermalwasserweg angehören; dementsprechend besitzt die schwarzbraune Masse nach Schroll [26] auch im großen und ganzen den Charakter eines Reissacherites (vgl. später). Uranhaltig waren schließlich auch die Reste von Gegenständen, die lange Zeit mit dem Thermalwasser in Berührung gewesen sind: so rostig-zerfallene Fragmente einer schmiedeeisernen Leiter, die sich rund 30 Jahre lang im Thermalwasserbehälter von Bad Hofgastein befand; Reste eines verzinkt gewesenen Eisenrohres aus diesem Thermalwasserbehälter; Rostauswüchse von Leitungsrohren, die in den Thermalwasser-Pumpbehälter beim E-Werk in Badgastein eintauchen; schließlich Bruchstücke eines verrosteten Gitters vom Ablauf dieses Pumpbehälters.

Da es sich bei allen diesen Uranablagerungen um verhältnismäßig sehr junge Bildungen mit nur äußerst geringem Urangehalt (vgl. später) handelt, kommen Beta- und Gammastrahlen aussendende Folgeprodukte in ihnen nur spärlich vor; die meisten Fundstücke zeigten daher keine Zählrohraktivität[4], selbst nicht die stark fluoreszierenden, dicken, vielleicht Hunderte von Jahren alten Sinterproben aus der Quelle X-Fledermaus-Quelle. Nur einige der sekundären fluoreszierenden Uranminerale von der ersten Kanzel des Wasserfallweges (*A* in Abb. 1) bzw. von der Felswand hinter dem Kurkasino (*B* in Abb. 1) lösten im Zählrohr Impulse aus, deren Frequenz sehr eindeutig über dem Leereffekt lag. Das gleiche gilt für Gesteinsproben, Warzensinter und Mörtelbruchstücke von den Gasteiner Quellaustritten, die einen deutlichen Belag von Reissacherit aufwiesen (vgl. später); auch die reissacheritähnliche Probe aus den Gesteinsspalten der Felswand hinter dem Kurkasino war zählrohraktiv. Schon Mache [1] hat in seiner ersten Veröffentlichung auf den Radiumgehalt des Reissacherites hingewiesen sowie darauf, daß auch Materialien, die lange im Thermalwasser gelegen sind (Sand, Sinter, Mörtel, Ziegel- und Kohlenstücke), eine auffallende Aktivität zeigen (damals durch Bildung von Radiumemanation nachgewiesen); der Radiumgehalt der Objekte von Mache stammte sicher aus dem Thermalwasser durch Adsorption. Die Zählrohraktivität unserer Reis-

---

[4] Philips-Zählrohr 18501 mit einer Wandmasse von 75 mg/cm^2; durchgängig für härtere Beta- und Gammastrahlen.

sacheritproben ist wohl gleichfalls durch Adsorption von Radium aus dem Thermalwasser bedingt, auch bei den Proben von den Felswänden zu beiden Seiten der Wasserfallschlucht, da vieles dafür spricht, daß sich dort früher Quellwege der Gasteiner Therme hingezogen haben (vgl. später).

Daß aber die uranhaltigen Gasteiner Quellsinter von Warzen- und Knöpfchenform doch auch Radium und seine Folgeprodukte — wenn auch nur in kleinsten Mengen — enthalten, ging aus Untersuchungen von Rüling und Scheminzky [27] durch Exposition von Kernplatten hervor (Sinter der Quellen: IV-Alte Franzens-Quelle, VI-Doktor-Quelle, X-Fledermaus-Quelle und XIII-Reissacher-Quelle). In allen bestrahlten Platten fanden sich Alphabahnen in ungleichmäßiger Verteilung, zuweilen auch in Form von „Nestern" (Abb. 8 auf Tafel V), deren Länge häufig 20 μ (die Höchstreichweite für Uran-Alphabahnen in der Emulsion) überstieg; außerdem waren viele Einzelkörnchen festzustellen, welche von primären und sekundären Betastrahlen herrührten. Spricht dieser Befund schon für das Vorhandensein auch von Radium und seinen Folgeprodukten, so wird dieser Schluß noch dadurch erhärtet, daß die tatsächlich gefundene Bahnenzahl der Alphastrahlen bei jenen Sintern, bei denen eine quantitative Uranbestimmung bereits vorlag (vgl. später), das 4,5 bis 45fache der nach dem Urangehalt zu erwartenden Bahnenzahl betrug. Im Sinne der schon erwähnten Befunde von Mache [1] ist demnach anzunehmen, daß die an den Gasteiner Quellaustritten zur Ausbildung kommenden Sinter nicht bloß Uran, sondern auch Radium aus dem Thermalwasser anreichern.

Die quantitative Uranbestimmung in den Quellsintern ist noch im Gang, doch haben Scheminzky und Grabherr [16] bereits einige Untersuchungsergebnisse mitgeteilt, die abschließend hier in Tab. 2 eingefügt sind.

Die Bestimmungsmethode für den Urangehalt in den Sintern ist bereits beschrieben worden [16]. Kurz dargestellt wurden 0,1 bis 1,0 g der fein gepulverten Substanz mit der drei- bis vierfachen Menge Soda aufgeschlossen, die Schmelze in Salzsäure gelöst, dann zur Trockene gebracht, mehrmals mit Salzsäure abgeraucht, schließlich filtriert und mit verdünnter Salzsäure nachgewaschen. Das salzsaure Filtrat wurde schließlich, wie später bei der Uranbestimmung im Thermalwasser auf Seite 30 beschrieben, weiterverarbeitet.

Tabelle 2. Urangehalt von Gasteiner Quellsintern
(F. Scheminzky und W. Grabherr [16])

Quelle	Fundstelle	Urangehalt in 10^{-6} g je Gramm Sinter
VI-Doktor-Quelle ...	Austritt 2	5
IX-Elisabeth-Quelle .	Wand des Sammelbeckens der Austritte 8—12	10
X-Fledermaus-Quelle	Wasserstandslinie am NW-Ulm des 30 cm hoch mit Thermalwasser gefüllten Stollens	50
	Sinterkruste am SO-Ulm des Stollens	1000[1]

[1] O. Hackl (Arbeitsbericht über seine Tätigkeit am Forschungsinstitut Gastein im Jahre 1952, noch unveröffentlicht) fand in einem Gemisch der fluoreszierenden Sinter der Quelle X vom SO- und NW-Ulm mit seiner kolorimetrischen Schnellbestimmungsmethode 300 . 10^{-6} g Uran je Gramm bzw. 900 . 10^{-6} g Uran je Gramm des unlöslichen Rückstandes dieser Probe; diese Zahlen passen gut zu den vorausgegangenen Befunden von Scheminzky und Grabherr, die durch Auswertung der fluoreszierenden Natriumfluoridperle gewonnen worden sind. Dabei ist noch zu berücksichtigen, daß in beiden Fällen das untersuchte Material wohl vom gleichen Fundort stammt, nicht aber aus einer identischen Probe.

Der Untergrund für die Sinterbildung kann aus ganz verschiedenem Material bestehen. In den meisten Fällen handelt es sich wohl um Gestein (Gneis, Quarz). Doch wurden Warzen- und Knöpfchensinter auch auf Ziegelstückchen (XVIII-Grabenwirt-Quelle), Mörtelbrocken (Quelle V-Lainer-Quelle), Beton, aber nur mit auffallend geringer Größe der Knöpfe (Quelle V-Lainer-Quelle, Quelle VII-Neue Franzens-Quelle, Quelle XVIII-Grabenwirt-Quelle), Eisenrohren (Überlaufrohr der Quelle VII-Neue Franzens-Quelle), Kupferrohren (Alte Thermalwasserverteilungsanlage für Bad Hofgastein), Zinkblech (Auslaufhahn des Sammelbehälters für die Quellen XIV-Grabenbäcker-Quelle und XVII-Mesnil-Quelle), Holz (Quelle X-Fledermaus-Quelle) ja sogar auf einer Stearin-Paraffin-Kerze gefunden; die letztere stand auf einer Felsnase im Stollen der Quelle X-Fledermaus-Quelle im Bereich einer Tropfwasserzone und wurde mit den auf ihr sitzenden Warzensintern bei Scheminzky und Grabherr [16] abgebildet.

Schließlich muß noch besonders bemerkt werden, daß die Bildung der Knöpfchen- und Warzensinter stets nur über Wasser erfolgt, so z. B. in den feuchten Zonen oder in den Spritz- und Tropfwasserbereichen über oder unter den Thermalwasseraustritten; bei aus dem Wasser herausragenden Objekten geschieht sie an der Wasserstandslinie und über, niemals unter Wasser selbst. So schneiden z. B. die Sinter beim Austritt der Quelle IX-Elisabeth-Quelle in Abb. 2 (Tafel II) mit der Höhe des Wasserspiegels ab, der etwa in der Ebene des eingezeichneten weißen Pfeiles liegt. Auch die in Abb. 3 (Tafel II) dargestellten gestielten Sinter der Quelle V-Lainer-Quelle haben sich auf einer Steinplatte oberhalb der eigentlichen Heißwasseraustritte entwickelt, wohin nur der Quelldunst gelangt, vielleicht auch ein sehr schwacher Warmwasserriesel, der das Gestein aber nur anfeuchtet, ohne es mit Wasser zu bedecken. Besonders eindeutig ist die Situation in der Quelle X-Fledermaus-Quelle, die in einem kurzen, aus dem 15. Jh. stammenden Stollen zum Vorschein kommt. Heute ist die Stollensohle ca. 25 cm *hoch mit* Thermalwasser bedeckt, das durch quere Abmauerung des Stollens einige Meter hinter dem Mundloch im Jahre 1930 angestaut wurde. Etwa in der Mitte des so entstandenen Thermalwasserbeckens taucht am rechten Ulm, schräg von oben kommend, eine Quarzplatte unter den Wasserspiegel ein. Wie Abb. 10 (Tafel VII) erkennen läßt, hat sich nun gerade an der Luft-Wasser-Grenze dieser schrägen Gesteinsfläche, an der Litoralzone, ein Rasen von Knöpfchensinter entwickelt, wobei der Durchmesser der größten Knöpfe bis zu einem Zentimeter erreicht. In diesem Fall ist es übrigens auch möglich, etwas über das Alter solcher Bildungen auszusagen; da die Staumauer 1930 errichtet und damit erst das Thermalwasserbecken geschaffen wurde, können die Sinter in der Litoralzone heute nicht älter als 28 Jahre sein.

2. Künstliche Entstehung uranhaltiger Quellsinter

Schon beim ersten Fund fluoreszierender Quellsinter schien es klar daß das als Fluoreszenzanreger wirkende Uran nur aus dem Thermalwasser stammen konnte, um so mehr, als Karlik [9] diesen Spurenstoff ja im Reissacherit der Gasteiner Therme bereits nachgewiesen hatte; immerhin wäre es auch möglich gewesen, daß der Urangehalt der Quellsinter von der Unterlage stammt, die in den meisten Fällen ja aus Gneis bestand. Als später uranhaltige Warzensinter auch auf Ziegelstücken und Mörtelbrocken, vor allem aber auf Eisen-, Kupfer- und Zinkblechrohren gefunden wurden, schied die letztere Möglichkeit bereits aus. Trotzdem schien es von Interesse, eine künstliche Entstehung fluoreszierender, uranhaltiger Quellsinter aus dem Thermalwasser unter geeigneten Bedingungen einzuleiten; damit könnte ein sicherer Beweis für die Herkunft des Urans aus dem Thermalwasser geführt und zugleich auch ein Anhaltspunkt für die zur Bildung fluoreszierender Sinter erforderliche Zeit gewonnen werden.

Angeregt durch die Abscheidung größerer Sintermassen an der Luft-Wasser-Grenze der Gasteiner Quellen, der Litoralzone, wurden im Herbst 1953 vorerst Streifen aus Aluminiumblech von 1 mm Dicke in solche Thermalquellen eingehängt, in welchen das Warmwasser sich, durch die natürliche Beschaffenheit der Quellwege oder durch künstliche Aufstauung, vor dem endgültigen Abfluß in einem Becken sammelt (Quelle VII-Neue Franzens-Quelle; Quelle IX-Elisabeth-Quelle, Becken der Austritte 8/12; Quelle XIV-Grabenbäcker-Quelle; Quelle XVI-Sophien-Quelle); die Aluminiumstreifen befanden sich dabei möglichst weit von den Beckenrändern entfernt und tauchten nur etwa zu zwei Drittel in das Thermalwasser, während ihr oberer Abschnitt frei in die Luft ragte. Wir hatten dabei die Vorstellung, daß das am Blech durch kapillare Kräfte in dünner Schicht über die Luft-Wasser-Grenze hochsteigende Thermalwasser rasch verdunsten und dabei einen Absatz hinterlassen könnte. Von Zeit zu Zeit wurden die Streifen an Ort und Stelle untersucht und mit der tragbaren UV-Lampe (Wellenlänge 254 mμ) abgeleuchtet. Tatsächlich konnte festgestellt werden, daß sich an der Luft-Wasser-Grenze auf den Aluminiumstreifen ein weißlichgrauer Sinterbelag ansetzte (vgl. dazu Abb. 11 N auf Tafel VII) und bei je einer Probe aus der Quelle IX-Elisabeth-Quelle und der Quelle XVI-Sophien-Quelle bereits nach rund 2½ Monaten eine zarte blaugrüne Fluoreszenz im gefilterten ultravioletten Licht von 254 mμ zu beobachten war. Bei den übrigen Quellen (VII und XIV) waren ebensolche, deutlich blaugrün fluoreszierende Sinterbeläge erst nach 4—10½ Monaten zur Ausbildung gekommen (vgl. Abb. 11 UV auf Tafel VII). Insgesamt liegen heute zehn solcher Aluminiumstreifen mit fluoreszierenden Sinterbelägen vor. In vier Fällen stärkerer Fluoreszenz — darunter auch bei dem in 2½ Monaten entstandenen Sinter der Quelle IX-Elisabeth-Quelle — gelang es auch, das Fluoreszenzspektrum subjektiv zu untersuchen; es fand sich dabei ein Bandenspektrum, in welchem die drei Banden mit dem Schwerpunkt um 550—528—505 mμ, wie bei den Sintern der Abb. 9 (Tafel VI), mit Sicherheit identifiziert werden konnten. Zu diesen auch spektroskopisch geprüften Proben gehört der Sinterbelag auf jenem Aluminiumstreifen, der in Abb. 11 (Tafel VII) dargestellt ist. Daß die fluoreszierenden Absätze Uran enthielten, konnte außerdem noch durch Einschmelzen von Proben in eine Natriumfluoridperle gesichert werden.

In der zweiten Versuchsreihe wurden an Stelle der Aluminiumstreifen Mattglasstreifen in gleicher Art in verschiedene Gasteiner Quellen eingehängt. Auch auf diesen bildete sich nach einigen Monaten an der Luft-Wasser-Grenze ein weißlichgrauer Sinterbelag mit mehr oder weniger deutlicher blaugrüner Fluoreszenz bei 254 mμ und einem typischen Bandenspektrum wie in Abb. 9 (Tafel VI). Bis heute liegen 13 solcher Glasstreifen vor, welche sich z. T. in den schon oben angeführten Quellen befunden hatten, z. T. auch in noch nicht auf künstliche Entstehung von fluoreszierenden Sintern hin untersuchten Quellen, wie Quelle I-Franz-Josefs-Quelle, Quelle X-Fledermaus-Quelle und Quelle XII-Reissacher-Quelle, eingehängt gewesen waren. Auch hier konnte der Urangehalt durch eine Prüfung mit der Natriumfluoridperle gesichert werden.

Wie schon bemerkt, zeigte sich die Fluoreszenz der künstlichen Sinter nur bei der Wellenlänge von 254 mμ wie auch bei der Mehrzahl der natürlich entstandenen. Nur auf einer Glasplatte, die während der Zeit von rund 3 Jahren in der Quelle XVI-Sophien-Quelle eingehängt gewesen war, ließ der abgesetzte Sinter auch bei 366 mμ gerade eben noch eine Andeutung der Fluoreszenz erkennen, die allerdings ohne vergleichende Ableuchtung mit 254 mμ wohl übersehen worden wäre. Dieser Befund spricht dafür, daß das Aufleuchten mancher Gasteiner Quellsinter bloß bei 254 mμ (und nicht bei 366 mμ) lediglich auf einem geringeren Urangehalt beruht, welcher eine Fluoreszenz erst bei der energiereicheren Strahlung ermöglicht.

Insgesamt war es daher an sieben dafür geeigneten Quellen (I, VII, IX, X, XIV, XVI und XVII) 23mal möglich, die künstliche Entstehung uranhaltiger, bei 254 mμ fluoreszierender Sinter mit einem Spektrum wie beim Kalkopalsinter in einem Zeitraum von 2½ bis 10½ Monaten zu bewerkstelligen. Damit erscheint der Schluß gesichert, daß der Uran-

Tabelle 3. Chemische Zusammensetzung einiger Gasteiner Quellsinter

(Untersuchungen von E. Komma)

Bestandteil	Quelle VI %	Quelle X %	Künstl. Sinter[1] %
Calcium (Ca)	25,1	24,8	15,2
Eisen (Fe)	0,02	0,02	0,06
Mangan (Mn)	0,003	Spuren	0,01
Sulfat (SO_4)	0,6	3,1	11,8
Carbonat (CO_3)	36,2	35,2	30,8
In HCl unlösliches	33,2	31,3	38,4
mit HF abrauchbares SiO_2	31,7	29,9	29,3
Feuchtigkeit, Konstitutionswasser und Organisches	4,7	5,4	3,6
	99,825	99,82	99,87%

[1] Zur Untersuchung gelangte eine Mischprobe des abgeschabten Materials der z. T. nur hauchdünnen Beläge auf Glasplatten, die in verschiedenen Gasteiner Thermalquellen eingehängt gewesen waren. Insgesamt standen für die Untersuchung bloß 64 mg Sintersubstanz zur Verfügung; die Befunde haben daher nicht die Genauigkeit der Ergebnisse an den Warzensintern der Quellen VI und X, für welche mehrere Gramm als Ausgangsmaterial benützt werden konnten. Darauf ist wohl auch der sicherlich zu geringe Gehalt an Calcium in dem künstlich zur Entstehung gebrachten Sinter zu erklären. Die wesentlich größere Differenz zwischen dem in Salzsäure unlöslichen und dem mit Flußsäure abrauchbaren SiO_2 beim künstlichen Sinter dürfte auf Mitabschaben feinster Glassplitter zurückzuführen sein. Trotz dieser Ungenauigkeiten gibt die Untersuchung des künstlich zur Entstehung gebrachten Sinters jedoch eine für den Vergleich ausreichende Orientierung.

gehalt auch der natürlich entstandenen Quellsinter nur aus dem Thermalwasser selbst stammen kann.

Auch chemisch sind die natürlich entstandenen und die künstlich zur Abscheidung gebrachten Quellsinter ähnlich, wie die folgende Tab. 3 zeigt; es werden in dieser die Warzensinter von zwei Quellen mit dem Abschabmaterial von den in verschiedenen Thermalwasseraustritten eingehängt gewesenen Glasplatten verglichen. Wie schon einleitend erwähnt, dominieren das Carbonat und die Kieselsäure.

Den sichersten Beweis für die Herleitung des Urans in den Quellsintern aus dem Thermalwasser selbst dürfte eine — vorläufig nur einmalige — Beobachtung nach Abschluß des vorliegenden Manuskriptes liefern: schon der bei 105° C gewonnene Trockenrückstand aus 500 ml des Thermal-Mischwassers (aus dem Thermalwasser-Ortsnetz) zeigte bei 254 mμ in der Eindampfschale am oberen Rand der Kruste stellenweise eine zarte blaugrüne Fluoreszenz. Wegen der geringen Stärke des Fluoreszenzlichtes war eine Untersuchung des Spektrums nicht möglich, doch ist wohl kaum daran zu zweifeln, daß es sich hier um die gleiche Erscheinung wie bei den uranhaltigen Quellsintern handelt; der Abdampfrückstand aus dem Gasteiner Trinkwasser zeigte jedenfalls keine Fluoreszenz. Weitere einschlägige Untersuchungen sind im Gange.

B. Sonstige uranhaltige Quellabsätze

1. Der Reissacherit (Mangan-Eisen-Rasen)

Der k. k. Bergverwalter K. Reissacher erschloß beim Stollenvortrieb für die Quelle I-Franz-Josefs-Quelle bei einer Stollenlänge von 17 Klafter (gleich rund 32 m) im April 1855 „eine braune, im nassen Zustand fast kohlschwarze weiche Masse in Mächtigkeit von einem bis drei Zoll“, welche „einem feinen Schlamme ähnlich, zwischen Gneisplatten sich anstaute, und nur dadurch von einem Schlamm sich unterscheidet, daß sie ein sehr geringes Gewicht und lose Consistenz zeigt“ [28]. Diese Substanz wurde 1856 von Haidinger der 32. Naturforscher-Versammlung vorgelegt [28] und als „Reissacherit“ bezeichnet [29]. Ein gleichartiger Schlamm setzt sich in fast allen Gasteiner Thermalquellen sowie in den Sammelbehältern ab, wobei der jährliche Anfall etwa 50 kg beträgt; Mache [1] erkannte schon 1904 die Identität dieses Absatzes mit dem von Reissacher [28] gefundenen Kluftmaterial. Nach den Untersuchungen von Hornig 1855 [20], Fugger 1878 [31], Mache und Meyer 1905 [32], Mache und Bamberger 1914 [7], Dittler und Abrahamczik 1937 [9], Ballczo 1937 [33] sowie Koritnig 1939 [34] ist der im getrockneten und gepulvertem Zustande graubraune bis kakaobraune Reissacherit ein chemischer Absatz aus dem Thermalwasser, verunreinigt durch mitgeführte Flitterchen von Gesteinsmaterial (Glimmer, Quarz, Ton, Feldspat) und durch den hohen Gehalt an Mangan gegenüber Eisen bemerkenswert; bei vielen der Analysen wurde 1,5- bis 4mal mehr Mangan als Eisen gefunden, während im Thermalwasser selbst stets das Eisen in etwas größerer Menge vorhanden ist. Außerdem findet sich in diesem Schlamm eine Fülle von Spurenelementen vor, auf die hier allerdings nicht näher eingegangen werden soll. Schon 1904 wiesen Mache [1] und 1905 Mache und Meyer [32] die Radioaktivität dieses Quellabsatzes nach und zeigten, daß er Sidotblende zur Szintillation bringt und stark schwärzend auf photographische Platten wirkt. Radiologische Messungen ergaben, daß der Gehalt an durch Adsorption aufgenommenem Radium bis rund ein halbes Mikrogramm pro Gramm Reissacherit betragen kann (Material aus dem Quellschlund der Quelle II-Rudolf-Quelle nach Mache [7]). In den Sammelbehältern, in denen sich das Wasser aller Thermalquellen mischt, fand Weber [35] allerdings Werte für den Radiumgehalt, die um 1 bis 2 Größenordnungen niedriger lagen. Dies hängt wohl mit der Feststellung von Mache [7] zusammen, daß der Reissacherit um so manganärmer ist, je weiter er vom Austritt der Quelle oder je oberflächlicher er in den Spalten zur Abscheidung kommt, denn gerade das kolloidal ausgefällte Manganoxydhydrat hat nach Ebler und Fellner [36] die Fähigkeit, Radium aus selbst sehr schwachen Lösungen von Radiumsalzen zu adsorbieren; der Gehalt an radioaktiven Stoffen im Reissacherit geht nach Mache daher auch dem Mangangehalt annähernd parallel. Mache und Bamberger [7] fanden außer Radium auch Thorium in diesem Quellabsatz, das in gleicher Weise aus dem Thermalwasser adsorbiert wird.

Das Mangan findet sich im Ursprungsgestein der Gasteiner Thermalquellen, einem hellen quarzreichen Granit mit Gneisstruktur vor, der auch in den eingeschlossenen Titanmineralien Radium und Thorium enthält (Mache [37]); aus dem Gestein gelangen diese Stoffe in die Therme und scheiden sich aus dieser im Reissacherit wieder ab. Seine Bildung erfolgt nahe dem Quellmund, in der sogenannten Oxydationszone, unter dem Einfluß des Sauerstoffes der Luft — wobei das Mangan vor dem Eisen ausfällt — sowie als Folge der Temperaturerniedrigung und Druckverminderung. Der Bildungsprozeß ist aber keineswegs ein rein chemischer; Stockmayer [38] wies schon auf das Vorhandensein von Scheiden der Eisenbakterien im Reissacherit der Gasteiner Thermalquellen I und IX hin, was für eine teilweise biologische Fällung des Mangans und des Eisens spricht. Eingehendere Untersuchungen von Scheminzky und Vouk [39] bestätigten diesen Befund (vgl. Abb. 12 auf Tafel VIII) und machten es auch sehr wahrscheinlich, daß neben den Eisenbakterien auch spezifische Manganbakterien (vermutlich Kokken) an der Fällung des Reissacherits beteiligt sind. Vouk [39] schlug für diese charakteristische Mangan-Eisen-Vegetation die Kennzeichnung „Mangan-Eisen-Rasen" vor. Wenn der Reissacherit bereits als brauner Schlamm vorliegt, ist die Bakterienmasse allerdings schon so stark vererzt, daß eine biologische Untersuchung kaum mehr Einzelheiten erkennen läßt. Die erwähnten Befunde von Scheminzky und Vouk [39] wurden daher an Frühstadien der Rasenbildung gewonnen, die wir auf einseitig mattierten Glasplatten vor sich gehen ließen; die Platten wurden für 1 bis 2 Wochen in die Thermalwasserriesel eingehängt.

Die beiden Befunde: Vorkommen dieses Mangan-Eisen-Rasens in den Quellspalten — offenbar auch bis in größere Tiefen — und dessen Abscheidung durch einen, wenigstens z. T. biologischen Oxydationsprozeß scheinen uns auch in hydrologischer Hinsicht von Bedeutung. Kirsch [45] hat in der zeitweiligen Sauerstofffreiheit einzelner — meist schwacher — Thermalwasserriesel (hauptsächlich im Stollen der Quelle I) geglaubt, einen Beweis für die juvenile Natur des Thermalwassers erblicken zu können; der Sauerstoffverbrauch durch die biologische Mangan-Eisen-Oxydation muß jedoch hier zur Vorsicht mahnen, da durch diesen u. U. auch vadoses Wasser sauerstofffrei werden könnte. Jedenfalls wären für eine Stütze der erwähnten Beweisführung laufende Sauerstoffbestimmungen zugleich mit der Feststellung der von dem betreffenden Quellaustritt jeweils zur Oxydation gebrachten Menge der Mangan- und Eisenverbindungen erforderlich, was technisch allerdings schwierige Probleme abgibt.

Mache und Bamberger [7] schreiben gerade dem Reissacherit eine besondere Rolle bei der Aktivierung der Gasteiner Thermalquellen zu. Das kolloidal gefällte Manganoxydhydrat besitzt ja nach Ebler und Fellner [36] die Fähigkeit, aus Lösungen von Radiumsalzen das Radium durch Adsorption festzuhalten. Der in den Quellwegen zur Ablagerung gekommene Quellschlamm entzieht nun dem Thermalwasser das in geringen Mengen mitgeführte Radium und reichert sich mit diesem Spurenstoff an; wegen der äußerst lockeren Konsistenz dieses Absatzes besitzt dieser eine besonders hohe Emanierfähigkeit und kann daher dem darüber strömenden Thermalwasser im Tauschweg gegen das entzogene Radium die von dem bereits gespeicherten Anteil dieses Elementes gebildete Emanation mitgeben. Damit findet auch die Beobachtung, daß die kühleren Quellen radiumärmer, aber emanationsreicher sind als die heißeren, ihre Erklärung. Allerdings ist diese durch neue Feststellungen von Aurand, Jakobi und Schraub [8] etwas erschüttert worden.

Mache [1, 17, 32, 37] hat wiederholt betont, daß das Merkwürdige an dem Vorkommen des Radiums in Gastein darin liegt, daß „es hier nicht mit Uran zugleich auftritt“ bzw. daß Uran im Reissacherit nicht nachzuweisen ist. Dieser Uran-Nachweis konnte erst mit der gegenüber chemischen Verfahren wesentlich empfindlicheren Fluoreszenzmethode durch Karlik [9] im Reissacherit der Quelle IX-Elisabeth-Quelle geführt werden, wobei 11 . 10^{-6} g U/g gefunden wurden. Diesen Befund können auch wir auf Grund eigener, allerdings nur qualitativer Untersuchungen bestätigen. Die meisten von uns geprüften Reissacheritproben, auch aus dem Pumpbehälter und den Sammelbehältern, gaben eine deutlich und charakteristisch fluoreszierende Natriumfluoridperle (auch ohne jede weitere Vorbereitung des Materials), wobei bemerkenswerterweise das sonst die Uranfluoreszenz löschende Eisen hier — vermutlich wegen des hohen Urangehaltes — die qualitative Prüfung im allgemeinen nicht störte. Auch der schwarzbraune mulmige Belag in einer Kluft der Felswand hinter dem Kurkasino (Fundstelle *B* in Abb. 1 auf Tafel I), welcher nach Schroll [26] im großen und ganzen die chemischen Eigenschaften des Reissacherits zeigt, gab eine positive Uranperle; das gleiche fanden wir bei den rostigen Belägen einer schmiedeeisernen Leiter, welche 30 Jahre lang im Hochbehälter von Bad Hofgastein stand, eines ehemals verzinkt gewesenen Eisenrohres, das sich 20 Jahre lang in diesem Behälter befand, bei den Rostauswüchsen der eisernen Zuleitungsröhren, die in den Pumpbehälter von Badgastein eintauchen, sowie bei verrosteten Gittern aus diesem Pumpbehälter. Uranfrei erwies sich dagegen ein dem Reissacherit ähnlicher brauner Absatz einer Quelle auf dem Hang des Stubnerkogels nahe der Bahnstation Badgastein.

Reissacheritähnlich erschien nach seiner Farbe auch ein „Quellabsatz" auf den vom Thermalwasser überrieselten Ulmen des Stollens der Quelle X-Fledermaus-Quelle, der sich auch am Grund des über der Stollensohle angestauten Thermalwassers findet und welcher von Ballzco [25] gesammelt und untersucht wurde; bei der chemischen Prüfung fand der genannte Autor allerdings kein Mangan, nur wenig Eisen und auch kein Uran, dafür aber eine überaus große Menge organischer Substanz. Nach unseren Untersuchungen zeigt das mikroskopische Bild dieses Schlammes vorwiegend Schmetterlingsschuppen, so daß das Material wohl vorwiegend als Kot von Fledermäusen aufgefaßt werden muß, welche diesen etwa 30° C warmen Stollen bevorzugen und dort sicher schon seit Jahrhunderten hausen; denn vermutlich ist dieser Stollen schon mehr als 450 Jahre alt.

Der reiche Gehalt an radioaktiven Stoffen im Reissacherit läßt sich, wie schon Mache und Meyer [32] beschrieben, auch durch die Schwärzung photographischer Platten nachweisen. Mit den modernen Emulsionen (z. B. Eastman-Kodak NTB 3) lassen sich nicht bloß Schwärzungen erzielen, sondern — u. a. wegen der Feinheit des Plattenkornes — unter dem Mikroskop auch die Alphastrahlenbahnen darstellen; aus solchen Bildern (vgl. Abb. 13 auf Tafel VIII) erkennt man, daß die Verteilung der strahlenden Stoffe im Reissacherit eine weitgehend gleichmäßige ist.

Die mineralogische Einordnung des als Mangan-Eisen-Rasen zur Abscheidung kommenden Reissacherites ist allerdings nicht einheitlich. Mache und Meyer [32] sprechen von einem „Schlamm-Mineral", Doelter [40] reiht ihn bei den Mineralien ein, welche dem Wad nahestehen, Tornquist [41] nennt ihn „Erz", „Mineralschlamm", „Mineral", während Meixner [29] im Hinblick auf die sehr schwankende chemische Zusammensetzung des z. T. mechanischen, z. T. chemischen Quellsedimentes den Gebrauch eines Mineralnamens („Reissacherit") dafür nicht mehr für angebracht hält. Vom mineralogischen Standpunkt aus mag dies begründet sein; als Kennzeichnung des für die Gasteiner Therme charakteristischen Quellschlammes, der sich vorwiegend aus Mangan- und Eisenverbindungen zusammensetzt, zugleich auch radioaktive Spurenelemente adsorbiert enthält und durch bakterielle Tätigkeit als Mangan-Eisen-Rasen zur Abscheidung kommt, möchten wir jedoch unbedingt den alten und kennzeichnenden Namen „Reissacherit" beibehalten.

2. *Das Kaolingel* (*Kieselsinter, Silikatrasen*)

Während der Reissacherit schon über 100 Jahre bekannt war, wurde ein nicht minder charakteristischer und auffallender Quellabsatz der Gasteiner Therme erst vor zwei Dezennien entdeckt. Dittler und Abrahamczik [9] fanden im Stollen der Quelle I-Franz-Josefs-Quelle in einzelnen Thermalwasserrieseln einen dicken, weißen, rahmartigen Belag — durchscheinend wie Hyalith —, der sich nach den Beobachtungen des damaligen Wassermeisters Jakober in zwei bis drei Wochen wieder neu bildet, wenn er entfernt worden war. Dieser Absatz bestand vorwiegend aus Kieselsäure, Aluminiumoxyd und organischer Substanz. Abb. 14 (Tafel IX) zeigt als Beispiel den Austritt 14 im Stollen der Quelle I, der in einer Nische des NO-Ulmes rund 0,4 m über der Sohle zum Vorschein kommt; sowohl im Hauptstrom als auch in einigen kleinen Nebenrieseln fällt die weiße Kieselsäuregallerte in der Photographie deutlich auf.

Die Gallerte ließ sich bei den Untersuchungen von Dittler und Abrahamczik [9] mit einem Spatel von der Unterlage leicht abheben und war nur manchmal durch Spuren von Reissacherit sowie fein verteilte Reste von Quarz und Glimmer verunreinigt. Das durch Zentrifugieren in einem auf die Dichte des Quarzes eingestellten Acetylentetrabromid-Xylol-Gemisch gereinigte Gel reagierte schwach alkalisch und ließ beim vorsichtigen Eindampfen eine schwach gelblich gefärbte, z. T. organische Masse zurück, deren Menge bis zu 60% betrug. Nach der Veraschung ergab die mikrochemische Analyse 45,63% SiO_2, dann 36,33% Al_2O_3 nebst kleinen Mengen der Oxyde von Eisen, Mangan, Magnesium, Calcium, Natrium und Kalium sowie 10,13% Sulfatrest. Auf den organischen Anteil wird später zurückgekommen werden. Nach spektrographischen Befunden, die Dittler und Abrahamczik [9] anführen und die von H. Haberlandt und F. X. Mayer erhoben wurden, enthielt der Sinter auch beträchtliche Mengen von Silber sowie Spuren von Kupfer und Zinn. In späteren, noch nicht veröffentlichten Untersuchungen von H. Haberlandt [42] wurden diese Befunde bestätigt und durch den Nachweis auch von Chrom ergänzt. Wie im Mineral Kaolin ist auch in diesem Quellabsatz das molare Verhältnis von SiO_2:Al_2O_3 nahezu 2:1; das Material dieses Kaolingels entstammt nach den erwähnten Autoren offenbar dem Zentralgneis, der durch das heiße Thermalwasser in größeren Tiefen zersetzt wurde.

Wahrscheinlich bildete eine derartige Gallerte auch die Grundlage für den in vergangenen Zeiten aus Gastein beschriebenen Badeschlamm (Uva thermalis). So erwähnt u. a. Kiene 1847 [43], daß sich in den damaligen Quellstollen sowie auf dem Boden und an den Wänden der damaligen Badebecken innerhalb von 36 Stunden eine weißgraue gallertige Substanz absetzte, die sich auch bei anderen heißen Quellen vorfindet und „Baregine" (vom französischen Badeort Barège) genannt wurde; an den Ab- und Ausflußstellen der Quellen, wo das noch heiße Wasser unter dem Zutreten der Luft und des Lichtes über Steine rieselte, bildete diese organische gallertige Substanz weiße und grünliche schwimmende Fäden, offenbar Algen, welche nach und nach zu einem dichteren Gewebe zusammentraten, aus dem der allgemein bekannte Badeschlamm entstünde. Infolge der heute bestehenden Fassungsverbesserung kommt allerdings ein solcher Badeschlamm nicht mehr zustande, im übrigen wohl auch deshalb, weil in Badgastein ja keine gemeinsamen Badebecken mit stunden- bis tagelang bestehen bleibender Wasserfüllung mehr gebräuchlich sind.

Bemerkenswert an diesem Kaolingel ist nicht bloß der hohe Gehalt an organischer Substanz, sondern auch der mit dieser in Zusammenhang stehende Reichtum an Bakterien. Pascher [44] hat bereits 1937 dieses Gel mikroskopisch untersucht. Die anscheinend homogene Gallerte bestand in jüngerem Zustand aus kleinen kugeligen bis ellipsoidischen Klümpchen mit nur lockerem Zusammenhang. Ältere Gallerten ließen dagegen diesen Aufbau nicht mehr erkennen, da die Teilkolonien unregelmäßig ineinander gewachsen waren. Die Gallerten werden fast ausschließlich aus Bakterien gebildet, wobei in der Hauptmasse eine größere, auffallend stark lichtbrechende Bakterie vorkommt, die meist zu mehreren in gekrümmten Reihen angeordnet ist (2—16 Zellen), wodurch streptokokkenartige Verbände entstehen. An der Gallertbildung beteiligen sich auch kleine und kleinste kugelförmige Bakterien, die meistens isoliert liegen, ferner treten Mikrocystis-artige Verbände auf, dann Stäbchen sowie gekrümmte, fast vibrioartige Formen. Assimilationsfähige Algen wurden von Pascher nicht gefunden, was verständlich ist, da der fast 100 m lange, z. T. gekrümmte und auch durch eine Türe abgeschlossene Stollen der Quelle I dunkel ist und nur gelegentlich während der Begehungen durch schwache elektrische Glühbirnen kurzzeitig erleuchtet wird. Da weder Dittler und Abrahamczik [9] noch Pascher [44] genaue Fundorte angeben, war es bei unseren eigenen Untersuchungen vorerst notwendig,. die Fundorte festzustellen. Im wesentlichen ist das Vorkommen dieses weißen Absatzes auf den Stollen der Quelle I beschränkt, obwohl wir in den Reissacherit-Belägen auch der anderen Gasteiner Quellaustritte mikroskopisch die gleichen Bakterienformen wie im Gel der Quelle I finden konnten; es scheint in diesen jedoch gemischt mit dem Mangan-Eisen-Rasen zur Abscheidung zu kommen, während in der Quelle I der Silikatrasen — wie ihn Vouk [39] genannt hat — gewissermaßen in Reinkultur auftritt. Die Fundstellen in dieser Quelle mit ergänzenden Bemerkungen sind in der folgenden Tab. 4 verzeichnet. Möglicherweise sind dünne, eingetrocknete weißliche Krusten am NO-Ulm des Nordschlages im Stollen der Quelle I auch auf dieses Kaolingel zurückzuführen, so bei Stollenmeter 68,5—70,5 —74,0—84 und am Feldort bei Stollenmeter 93,3 (vom Mundloch aus gemessen); sie könnten durch bereits versiegte Thermalwasserriesel zustande gekommen sein.

Tabelle 4. Fundstellen des Kaolingels im Stollen der Quelle I

(Befunde von 1949; vgl. Anmerkung)

Austritt			Thermalwasser		Kaolingel	
Nr.	bei Stollenmeter	Höhe über Sohle m	Temp. °C	Ergiebigkeit Liter/min	Häufigkeit	Beschaffenheit
11	75,1	0,7	nicht gemessen		++	gallertig-rahmig
14	78,4	0,4	45,2	2,95	+++	gallertig-rahmig
16	78,9	0,2	45,5	4,77	+++	gallertig-rahmig
18	79,8	Verschneidung NO-Ulm/Firste	43,4	7,5	+	flockig
23/24	88,3	1,2	45,3 45,1	60,0	+++	flockig
25	88,8	0,95	45,6	1,38	+++	gallertig-rahmig
26	90,2	0,50	44,5	0,15	+++	gallertig-rahmig
27	93,3	1,10	45,6	9,0	++	gallertig-rahmig
Thermalwasserkanal an der Stollensohle entlang des NO-Ulmes, sowohl an den Seitenwänden als auch am Boden (von Stollenmeter 88,5 bis 67,0)					+	sehr flockig, z. T. mit Reissacherit gemischt

Anmerkung: Die Befunde vom Jahre 1949 gelten auch noch heute bis auf zwei Ausnahmen: der Austritt 11 ist derzeit versiegt und der Austritt 27 (am Feldort des Stollens) kann kein Kaolingel mehr bilden, da er nicht wie früher über den Fels abfließt, sondern nunmehr in einem Rohr gefaßt wurde. Der Thermalwasserkanal hat rechteckigen Querschnitt mit einer Tiefe von rund 0,3 m und ist mit Brettern abgedeckt. An den Austritten 14, 16, 25, 26 und — seinerzeit — 27 wird der Silikat-Rasen von seitlichen Reissacherit-Ablagerungen begleitet.

Die genaue Besichtigung ergab weiters, daß an allen Fundstellen im Stollen der Quelle I die Abscheidung des Kaolingels auch von einer Reissacherit-Ablagerung begleitet wird; sie erfolgt jedoch nicht gemischt wie in den anderen Quellen, sondern räumlich getrennt. Dort, wo ein ausgesprochener Thermalwasserriesel über die Felswand des Stollens der Quelle I abfließt, erkennt man wie in Abb. 14 (Tafel IX), daß sich das Kaolingel im Hauptstrom abscheidet, während seitlich, dort wo der Fels wohl feucht, aber nicht mehr von fließendem Wasser bedeckt ist, sich Begleitstreifen des dunklen Reissacherit-Belages ausbilden. Möglicherweise hängt diese Erscheinung damit zusammen, daß die gallertige Masse sich auch in der Strömung halten kann, während die schlammartige Ablagerung des Reissacherites weggespült wird. Nur dort, wo eine ganz besonders mächtige Strömung herrscht, wie bei den Austritten 23 und 24 der Quelle I, findet sich auch das Kaolingel nicht im Hauptstrom, sondern seitlich von ihm vor.

Wir versuchten auch den natürlichen Wassergehalt der Gallerte zu bestimmen, da sich die chemische Untersuchung von Dittler und Abrahamczik [9] ja auf getrocknetes Material bezog. Vorsichtig abgehobenes und möglichst ohne Wasser in ein Wägegläschen gebrachtes Gel ergab einen Wassergehalt von 98,9%. Da bei diesem Verfahren das Miteinbringen von Thermalwasser mit der Gallerte in das Wägegläschen jedoch nicht mit Sicherheit verhindert werden konnte, ja sogar wahrscheinlich war, bestimmten wir den Wassergehalt auch noch bei der sogenannten „vollen Wasserkapazität“ wie bei Peloiden. Zu diesem Zwecke wurde eine größere Menge des Gels in eine Filterhülse von 4,5 cm Durchmesser und 12 cm Höhe gebracht und diese freischwebend in einer feuchten Kammer 8 Tage belassen; unter diesen Bedingungen tropft alles Wasser ab, welches von der Gallerte nicht gebunden werden kann. Der nach dieser Zeit gefundene Wassergehalt lag bei 93,0% und dürfte dem tatsächlichen Wert entsprechen.

Die mikroskopische Untersuchung bestätigte die Befunde von Pascher [44]; wie Abb. 15 (Tafel IX) erkennen läßt, enthält die Gallerte tatsächlich eine Fülle von Bakterien, die nach neueren Beobachtungen von Vouk [39] praktisch eine Reinkultur stark lichtbrechender Kokken bilden, offenbar jene Formen, die schon Pascher [44] als Hauptbestandteil des Gels beschrieben hat. Die dicken rahmigen Beläge sind allerdings für eine mikroskopische Untersuchung wenig geeignet; günstiger ist die flockige Ausbildung des Kieselsinters, wie sie an den Austritten 18, 23/24 oder im Thermalwasserkanal zustande kommt (Tab. 4). Noch vorteilhafter ist es, in Kaolingel abscheidende Austritte einseitig mattierte Glasplatten einzuhängen, auf denen sich dann die Bakterienkultur ansetzt und je nach der Wartezeit in verschiedenen Entwicklungsgraden der Untersuchung zugänglich ist. Elektronenmikroskopische Bilder aus solchen Glasplattenkulturen, wie etwa Abb. 16 (Tafel X), zeigen dann auch begeißelte Stäbchenbakterien, die sehr häufig von einer hyalinen Masse umschlossen scheinen; wahrscheinlich handelt es sich dabei um kolloidal abgeschiedene Kieselsäure. Das reiche Vorkommen von Bakterien im Kaolingel läßt sich wohl kaum anders als im Sinne eines ursächlichen Zusammenhanges deuten, derart, daß die Bakterien die Abscheidung des Gels herbeiführen. Kieselsäureabscheidende Bakterien sind auch in der Literatur für die Aachener Schwefelthermen von Brussof [46] bereits beschrieben worden. Die von Abrahamczik und Friedrich [9] durchgeführte Elementaranalyse der 16 bis 60 Gewichtsprozente des Gels betragenden organischen Masse ergab 46,42% Kohlenstoff, 5,01% Wasserstoff, 7,28% Stickstoff und (aus der Differenz berechnet) 41,29% Sauerstoff, was auf eine Zusammensetzung aus etwa 50% Eiweiß und 50% Cellulose schließen läßt [47].

Einzelne Austritte der Quelle I, welche reichlich Kaolingel abscheiden sowie das Thermalwasser im Becken der Austritte 8/12 der Quelle IX, in welchem solche Kieselsäurebakterien mit den Eisenbakterien gemischt vorkommen, wurden von E. Komma hinsichtlich einiger für den Bakterienstoffwechsel wichtiger Bestandteile untersucht. Wie Tab. 5 zeigt, kommt in allen diesen Thermalwasseraustritten relativ reichlich Kieselsäure vor; auch Sauerstoff ist in kleinen Mengen nachzuweisen. Organische Stoffe sind im Thermalwasser entsprechend dem Kaliumpermanganatverbrauch, wenn auch in sehr geringer Menge, vorhanden; Ammoniak und Nitrite waren z. T. in Spuren, Nitrate dagegen nicht nachweisbar. Ob diese geringen Mengen N-haltiger Stoffe für den Aufbau des Bakterieneiweißes — das ja nach Dittler [47] 50% der organischen Masse des Kaolingels bildet — ausreicht, können erst weitere Untersuchungen zeigen.

Ungeklärt ist vorläufig noch, warum sich gerade nur in der Quelle I-Franz-Josefs-Quelle der Silikatrasen in so reiner Form ausbildet und außer der Quelle IX-Elisabeth-Quelle — wo er mit dem Mangan-Eisen-Rasen gemischt auftritt —, an keinem sonstigen Gasteiner Quellenaustritt bisher beobachtet wurde. Möglicherweise spielt dabei auch der Gehalt an Kieselsäure im Thermalwasser eine Rolle. Nach Tab. 5 enthalten die Austritte der Quelle I 41,3 bis 65,9 mg/kg an Kieselsäure, die Austritte 8/12 der Quelle IX 48,4 mg/kg, während bei anderen Gasteiner Quellen die Werte niedriger zu liegen scheinen; so fanden sich in den Austritten der Quelle XII bloß 32,2 bis 38,7 mg/kg (andere Quellaustritte sind auf Kieselsäure noch nicht untersucht). Weiters dürften auch die Strömungsverhältnisse eine Rolle spielen: bloß in der Quelle I ist für das Thermalwasser Gelegenheit, an einzelnen Stellen frei über den Fels abzurieseln; wohl liegen ähnliche Bedingungen auch bei der Quelle X-Fledermaus-Quelle vor, doch ist dort die Thermalwassertemperatur erheblich niedriger (**33,5** bis **36,6°** C), und in dem kurzen, offenen Stollen ist auch die Luft nicht wie in dem fast 100 m langen, abgeschlossenen Stollen der Quelle I praktisch mit Wasserdampf gesättigt. Es ist daher nicht unwahrscheinlich, daß auch die Wassertemperatur und die Luftfeuchtigkeit mit eine Rolle spielen. Untersuchungen zu der hier gestreiften Frage sind im Gange.

Schließlich interessierte auch der Urangehalt des Silikatrasens. Dittler [47] gibt an, Uran qualitativ mit der Natriumfluoridperle nachgewiesen zu haben. Uns gelang ein solcher Nachweis trotz aller Bemühungen in wiederholten Versuchen nicht, vermutlich deshalb, weil Kieselsäure die Uran-fluoreszenz in der Perle löscht. Wenn jedoch das Kaolingel mit Flußsäure in Natriumfluorid abgeraucht wird, dann lassen sich aus dem Rückstand Perlen schmelzen, die eine einwandfreie, etwas nach Grün verschobene Uranfluoreszenz ergeben, bei welcher auch das Spektrum des Fluoreszenzlichtes eindeutig ist, obwohl die beiden Kalkbanden stark hervortreten. Uran ist demnach auch im Kaolingel vorhanden, wenn auch sicher lange nicht in dem Ausmaß wie beim Mangan-Eisen-Rasen (Reissacherit).

Tabelle 5. Übersicht über einige für den Stoffwechsel der Kieselsäurebakterien wichtige Eigenschaften einzelner Thermalwasseraustritte

(Nach Untersuchungen von E. Komma)

Austritt	Elektrolyt. Leitfhkt. in $Ohm^{-1} . cm^{-1}$ bei 20° C	Temp. ° C	Fe mg/kg	Mn mg/kg	SiO_2 mg/kg	O_2 mg/kg	$KMnO_4$-Verbrauch mg/kg	NH_3 mg/kg	NO_2 mg/kg	NO_3 mg/kg
Qu. I, Austritt 14	48,23	45,2	0,03	0,02	46,2	0,1	0,6	Spuren	0	0
Qu. I, Austritt 25	47,24	45,6	0,03	0,02	41,3	0,3	0,3	Spuren	0	0
Qu. I, Austritt 26	47,24	44,5	0,02	0,03	65,9	0,1	0,5	Spuren	0	0
Qu. IX, Austritte 8/12	44,19	46,8	0,08	0,06	48,4	0,5	0,2	0	Spuren	0

C. Der Urangehalt im Gasteiner Thermalwasser

Nach dem von Karlik [9] geführten Urannachweis im Reissacherit und dem Auffinden sekundärer Uranmineralien durch uns auch im Quellgebiet von Badgastein wurde H. Hernegger (Institut für Radiumforschung und Kernphysik in Wien) im Jahre 1949 eingeladen, auch den Urannachweis im Thermalwasser zu versuchen; gleichzeitig sollte auch der Radiumgehalt mitbestimmt werden. Dieser Urannachweis gelang, und es konnten die ersten Meßergebnisse schon im Jahre 1950 bekanntgegeben werden [48], die auch in der folgenden Tab. 6 berücksichtigt sind. Im Laufe weiterer chemischer Untersuchungen am Forschungsinstitut Gastein setzte dann E. Komma mit F. Scheminzky bzw. mit E. Pohl die Uranbestimmungen fort, die jeweils in den Tätigkeitsberichten des Institutes [49] mitgeteilt wurden.

Die Bestimmung des Urangehaltes geschah in folgender Weise. Von dem an der Quelle mit Salzsäure angesäuertem Wasser wurde eine 500 g entsprechende Menge des Wassers (entsprechend der Verdünnung durch den Salzsäurezusatz) abgewogen, am Wasserbad zur Trockene gebracht, mit dest. Wasser aufgenommen und unter Zusatz von etwas Salpetersäure nochmals zur Trockene verdampft. Der mit Wasser aufgenommene Rückstand, im Falle eines zu geringen eigenen Eisengehaltes im Wasser noch mit Ferrichlorid versetzt, wurde erwärmt; durch Zusatz von karbonatfreiem Ammoniak erfolgte die Fällung des Eisens zusammen mit dem Uran und damit die Abtrennung von Calcium, Magnesium und den Alkalien. Der Eisen-Uran-Niederschlag wurde am Filter gesammelt, gewaschen, dann in verdünnter Salzsäure gelöst und nochmals in gleicher Weise gefällt. Der nach der zweiten Fällung ebenfalls am Filter gesammelte Niederschlag erfuhr eine Waschung und Lösung in möglichst wenig Salzsäure. Dann erfolgte eine Erwärmung der salzsauren Lösung auf 80 bis 100° C mit anschließender Abkühlung auf 50° C und deren Neutralisierung durch Zusatz von festem Ammoniumkarbonat. Nach Erreichen des Neutralpunktes wurde rasch eine Menge von 10 g Ammoniumkarbonat zugefügt, auf 85 bis 90° C erwärmt und diese Temperatur durch 30 Min. eingehalten. Nachher wurde dem Eisenniederschlag Zeit zum Absitzen gegeben, dieser dann abfiltriert und gewaschen. Das Uran ist nunmehr im Filtrat als Komplexsalz gelöst. Dieses Filtrat wurde gekocht, bis es nur noch schwach nach Ammoniak roch, mit Salzsäure angesäuert und verdampft. Nach Übertragung des Rückstandes in einen Platintiegel erfolgte die Abrauchung der Ammonsalze und ein kurzes Glühen, die Zugabe von 0,25 g Natriumfluorid sowie eine Anfeuchtung mit Wasser; die Masse wurde hierauf mit Flußsäure zur Trockene gebracht und geglüht. Von dem im Achatmörser gut verriebenen Rückstand erfolgte das Schmelzen von Perlen in Platinösen von rund 3 mm Durchmesser. Deren Auswertung geschah in der ersten Zeit durch subjektiven Vergleich mit einer entsprechenden

Anzahl von Eichperlen bekannten Urangehaltes unter der Hanauer-Kleinanalysenlampe S 100 (Wellenlänge 366 mμ), gegebenenfalls unter Schätzung des Zwischenwertes. Später wurde das genauer arbeitende photographische Verfahren von Savič und Draganič [50] benützt, wobei die Prüfperlen zusammen mit den Eichperlen nebeneinander in Verkleinerung von 1:3 mit abgestuften Belichtungszeiten unter der genannten Analysenlampe mit der Contax photographiert wurden; die aus den Negativen festgestellten Schwellenbelichtungszeiten für die Eichperle trugen wir in ein logarithmisches Koordinatenpapier ein und der so entstandenen Kurve konnten dann die Urankonzentrationen für die Prüfperlen entsprechend deren Schwellenbelichtungszeiten entnommen werden. Noch genauer erwies sich das von uns in den letzten Jahren herangezogene photometrische Bestimmungsverfahren unter dem Fluoreszenz-Auflichtmikroskop (Fa. Reichert, Wien), wie es auch am Institut für Radiumforschung und Kernphysik in Wien benützt wird. Eichperlen und Prüfperlen werden in geeigneter Weise auf dem Drehtisch des Mikroskops befestigt und mit dem Epilum-Objektiv 11:1 (Fa. Reichert, Wien) und dem Photometer-Okular nach Haschek und Haitinger [51] bei der Wellenlänge 366 mμ unter Zwischenschaltung eines Interferenzfilters (Fa. Balzers, Liechtenstein) für das Bereich von 554 mμ $\pm$ 0,3% (charakteristische Hauptbande im Fluoreszenzspektrum der Uranperle) betrachtet; die Feststellung der Perlenhelligkeit bzw. der Vergleich der Helligkeit der Eich- und Prüfperlen erfolgt mit Hilfe einer von einem Akkumulator betriebenen Niedervoltlampe regelbarer Helligkeit, deren Betriebsspannung an einem Voltmeter abgelesen werden konnte.

Tab. 6 bringt die bisher festgestellten Werte des Urangehaltes im Thermalwasser sowie die Werte für den Gehalt an Radium und Radon, sofern diese Bestimmungen an Proben gleicher Entnahmezeit durchgeführt wurden. Zur Ergänzung sind auch die Werte einiger anderer gewöhnlicher Wässer des weiteren Gasteiner Raumes mitangeführt. Aus der Tabelle ergibt sich eine relativ große Schwankungsbreite im Urangehalt der einzelnen Thermalwasseraustritte, doch lassen sich nicht minder große Unterschiede auch im Radium- und Radongehalt finden. Ein Zusammenhang zwischen der Konzentration der drei radioaktiven Spurenelemente besteht nach der Tabelle offenbar nicht, was auch kaum zu erwarten wäre. Denn es sind ja die Lösungsbedingungen für Uran und Radium aus dem Gestein zweifellos verschieden; dazu kommt, daß diese Elemente im Mangan-Eisen-Rasen zum Teil abgefangen werden, wobei sicher auch die Berührungsdauer des Thermalwassers mit diesem Schlamm eine Rolle spielt, welche Berührungsdauer wieder andererseits nach Mache und Bamberger [7] für die Radonaufnahme in das Thermalwasser aus dem Schlamm ent-

Tabelle 6. Gehalt an radioaktiven Spurenelementen der Uran-Radium-Reihe im Gasteiner Thermalwasser und in einigen anderen Wässern des Gasteiner Raumes

Ort	Quelle		Jahr	Uran in 10^{-6} g/kg	Radium in 10^{-9} g/kg	Radon in 10^{-9} c/kg
Badgastein Thermalquellen	Qu. I	Austritte 23/24	1949	0,14[1]	0,0062[1]	—
		Gesamtwasser	1955	0,3[2]	0,0089[4]	4,48[4]
	Qu. II, Austritte 8/10 ...		1949	0,19[1]	0,0016[1]	—
	Qu. IV, Gesamtwasser ...		1949	0,05[1]	0,0049[1]	—
	Qu. V, Gesamtwasser....		1957	0,08[3]	0,0493[4]	22,8[4]
	Qu. VI, Austritt 2		1949	0,1[1]	0,00455[1]	—
	Qu. VII, Gesamtwasser ..		1957	0,09[3]	0,0035[4]	0,21[4]
	Qu. IX, Austritte 8/12...		1949	0,18[1]	0,062[1]	—
	Qu. X, Austritt 3		1957	1,7[3]	0,506[4]	124,0[4]
	Qu. XII	Austritt 1	1956	4,1[3]	0,061[4]	33,3[4]
		Austritt 2	1956	1,7[3]	0,0009[4]	51,2[4]
		Austritt 4	1956	3,4[3]	0,0024[4]	3,9[4]
		Austritt 5	1956	3,25[3]	0,0055[4]	28,5[4]
		Austritt 6	1956	3,1[3]	0,0033[4]	17,3[4]
		Austritt 7	1956	1,75[3]	0,0024[4]	8,6[4]
	Qu. XIV, Gesamtwasser .		1957	2,7[3]	0,164[4]	53,5[4]
	Mischwasser aller Quellen aus Pumpbehälter.....		1953	2,35[2]	0,0042[4]	16,7[4]
Badgastein Kalte Wässer	Trinkwasser		1957	1,9[3]	0,079[4]	0,720[4]
	Windischbauer-Quelle (Zottelau)		1953	0,36[2]	—	1,18[4]
Lend	Warmwassereinbruch im Druckstollen		1954	0,35[2]	0,050[4]	0,48[4]
Mallnitz	Trinkwasserfassung I		1955/56	5,0[3]	0,0023[5]	—
	Trinkwasserfassung II ...		1955/56	5,5[3]	0,015[5]	4,97[5]
	Quelle Gutenbrunn		1955/56	0,7[3]	0,0033[5]	2,2[5]

[1] Untersucher H. Hernegger. [2] Untersucher E. Komma und F. Scheminzky. [3] Untersucher E. Komma und E. Pohl. [4] Untersucher E. Pohl. [5] Untersucher J. Pohl-Rüling.

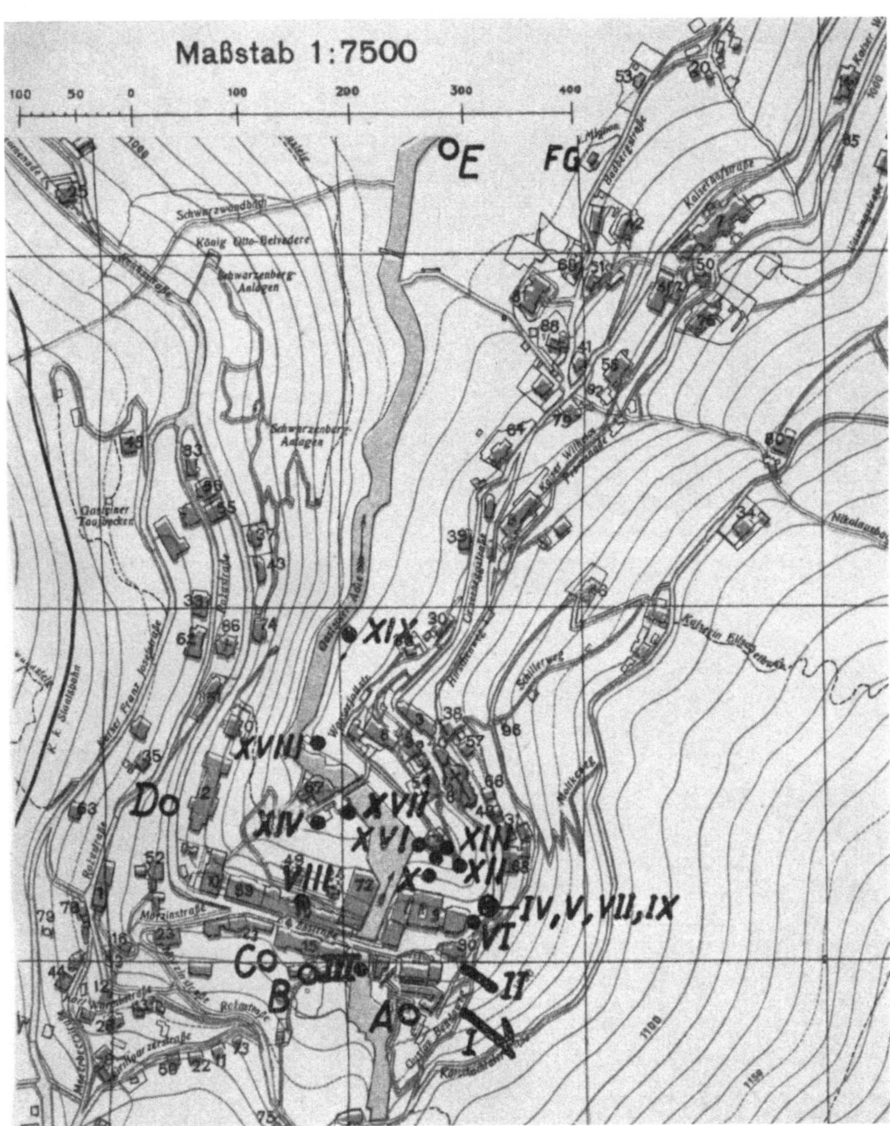

Abb. 1. Plan von Badgastein. *I* bis *XIX* Thermalquellen (vgl. Tab. 1); *A* Felswand am Wasserfallweg; *B* Felswand hinter Kurkasino; *C* Alter Stollen hinter Kurkasino; *D* Luftschutzstollen gegenüber Hotel Europe; *E* Windischbauer-Quelle; *FG* Forschungsinstitut Gastein.

Abb. 2 (oben). Austritt 8 der Quelle IX (Thermalwasserbach beim Pfeil); rechts oberhalb der Austrittsspalte konfluierende Warzensinter, ca. $^1/_{22}$ natürl. Größe. — Abb. 3 (unten). Einzeln stehende gestielte Knöpfchensinter oberhalb der Quelle V, ca. $^1/_3$ natürl. Größe.

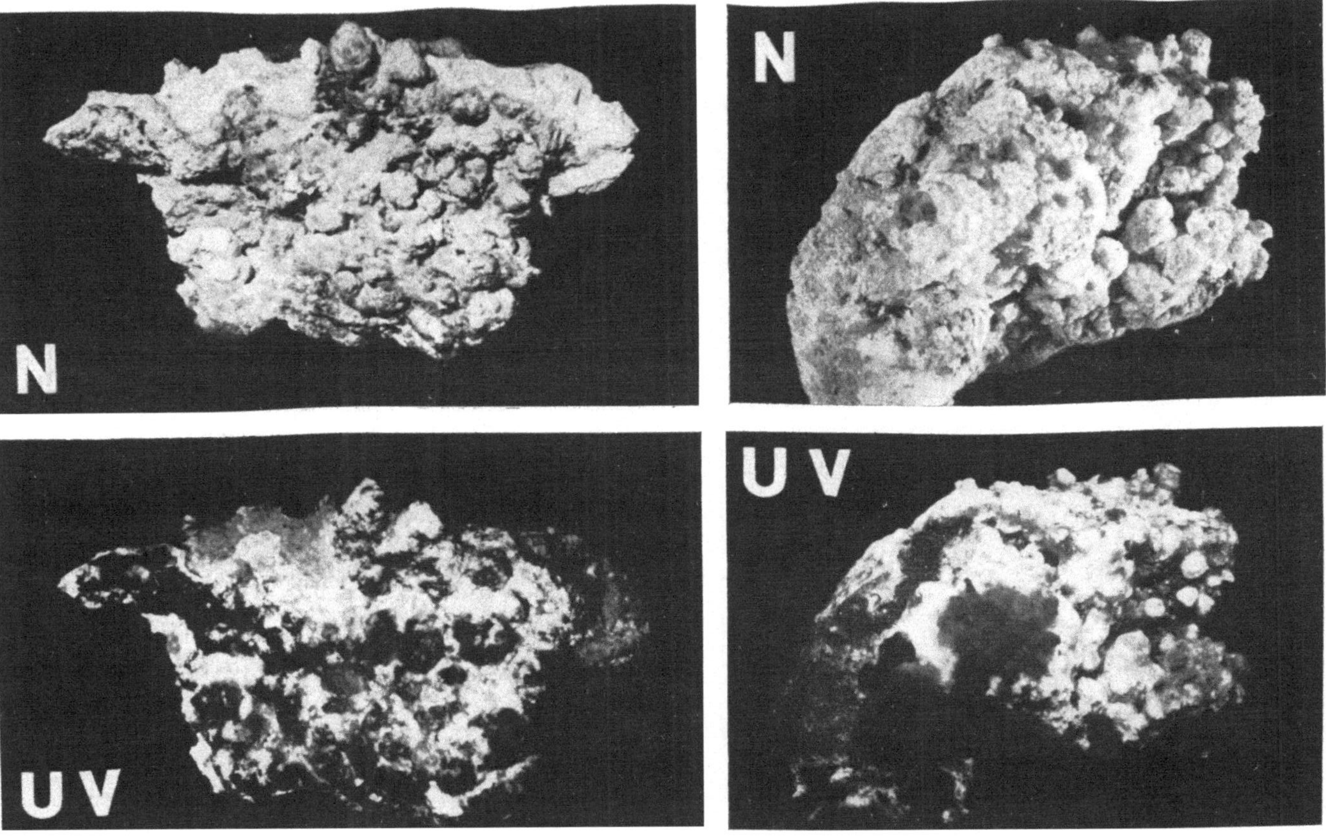

Abb. 4. Warzensinter von der Quelle X.

Abb. 5. Warzensinter von der Quelle I.

N gewöhnl. Licht; UV gefiltertes UV-Licht (254 mμ); natürl. Größe

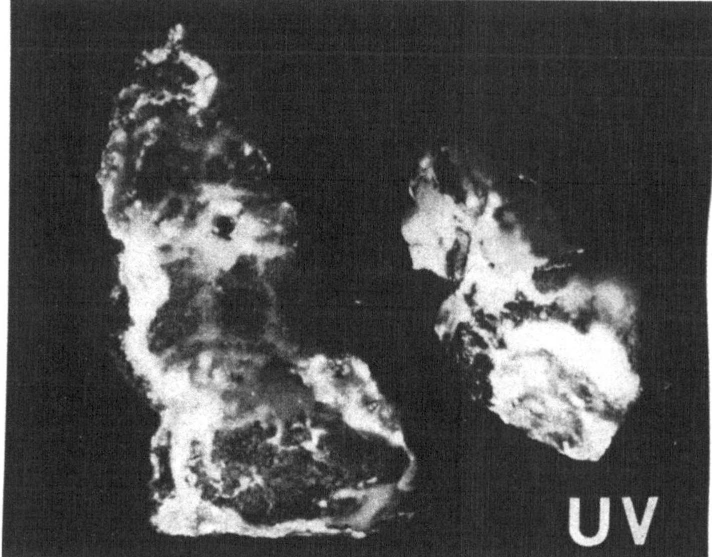

Abb. 6. Flächenhafter Sinter von der Ortsbrust der Quelle I.
N gewöhnl. Licht; UV gefiltertes UV-Licht (254 mμ); natürl. Größe.

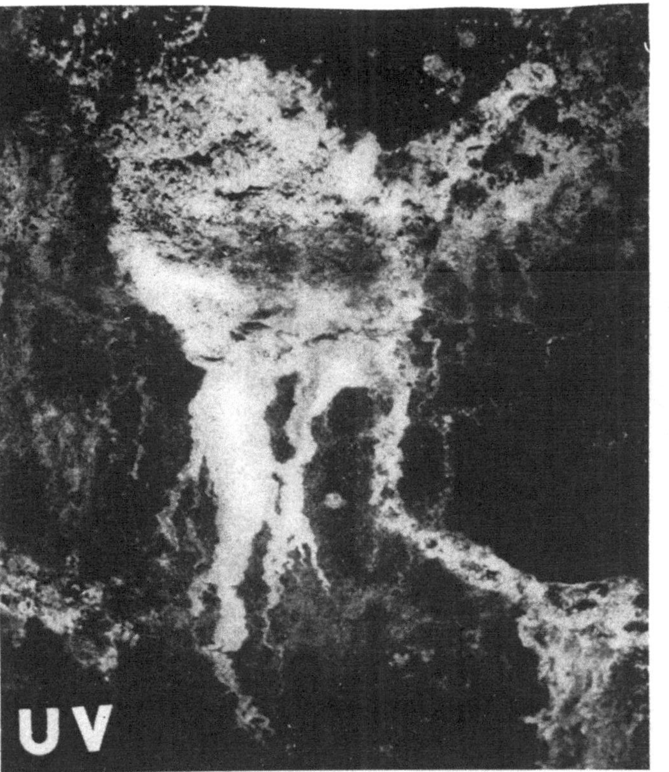

Abb. 7. Sinterfigur am NW-Ulm der Quelle X im gef. UV-Licht (254 mμ). (Ca. $^{1}/_{22}$ natürl. Größe.)

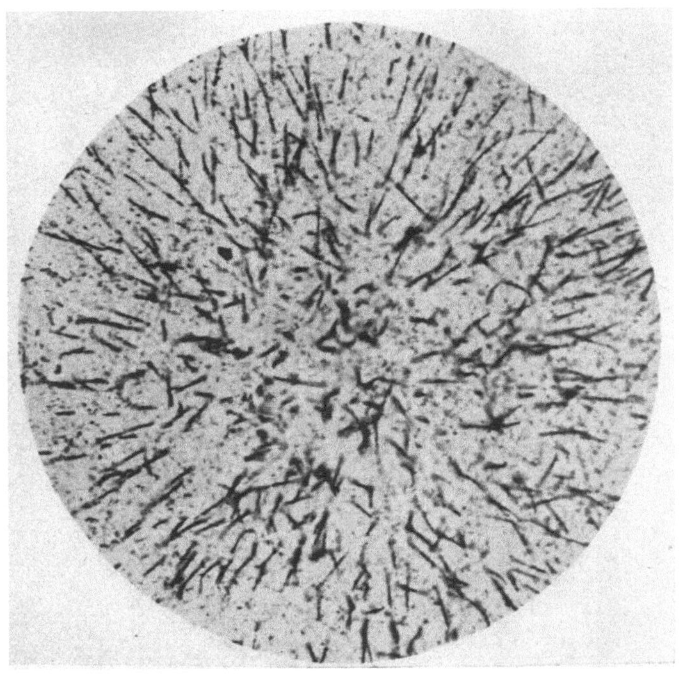

Abb. 8. Nest von Alphastrahlenbahnen in einer Kernplatte, die mit einem Sinterstück der Quelle IV während 4 Wochen bestrahlt wurde. Abb.-Maßstab 420:1.

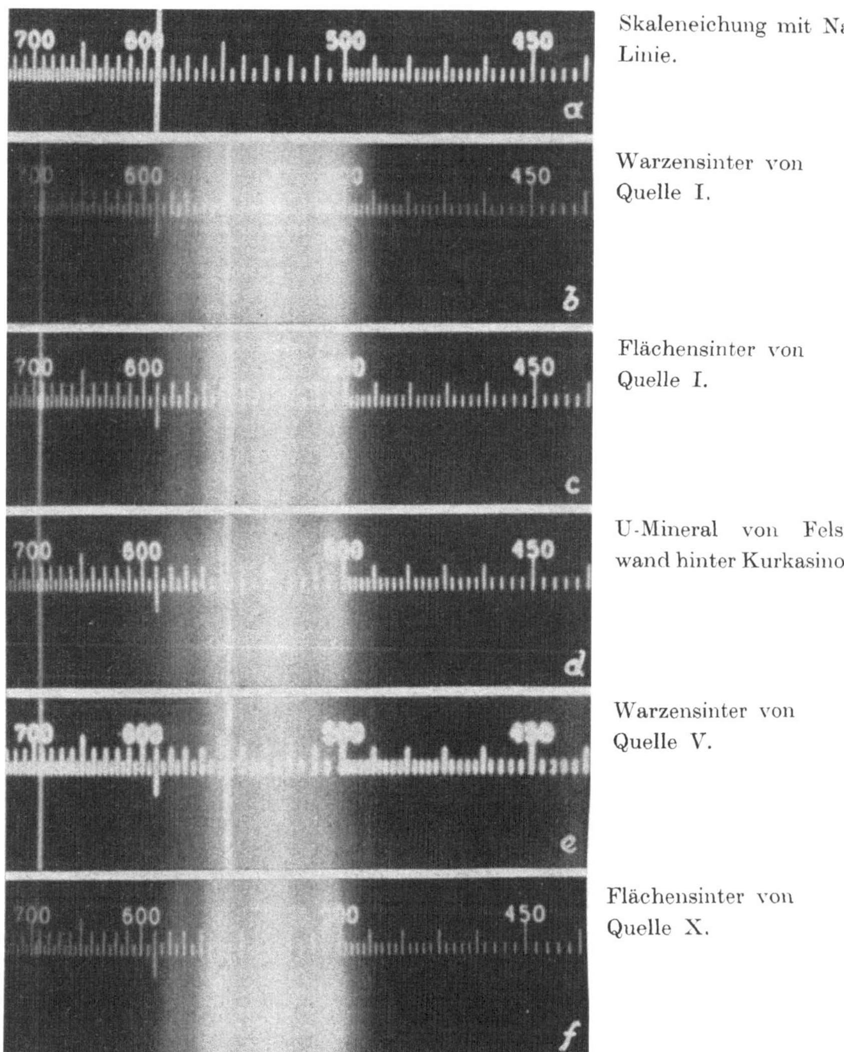

Abb. 9. Spektren des Fluoreszenzlichtes verschiedener Sinter und sekundärer Uranmineralien im Bereich der Gasteiner Quellaustritte; aufgenommen mit dem Contax-Fluoreszenzspektrographen nach Scheminzky [18].

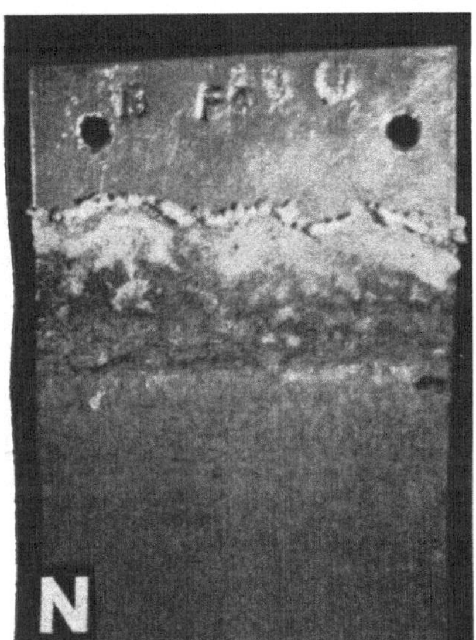

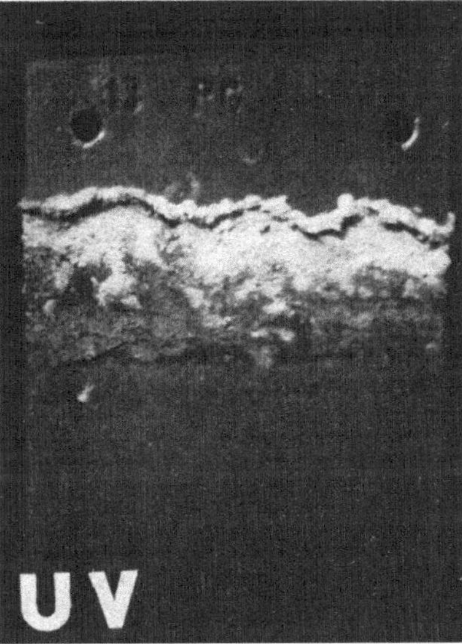

Abb. 10 (oben). Schräg von links oben nach rechts unten in das Thermalwasser eintauchende Quarzplatte mit Warzensinter-Rasen an der Litoralzone der Quelle X, ca. $^1/_3$ natürl. Größe. – Abb. 11 (unten). Ablagerung einer Sinterkruste auf Al-Blech in $10\frac{1}{2}$ Monaten in der Quelle XIV (N), welche Uranfluoreszenz (UV) zeigt. Natürl. Größe.

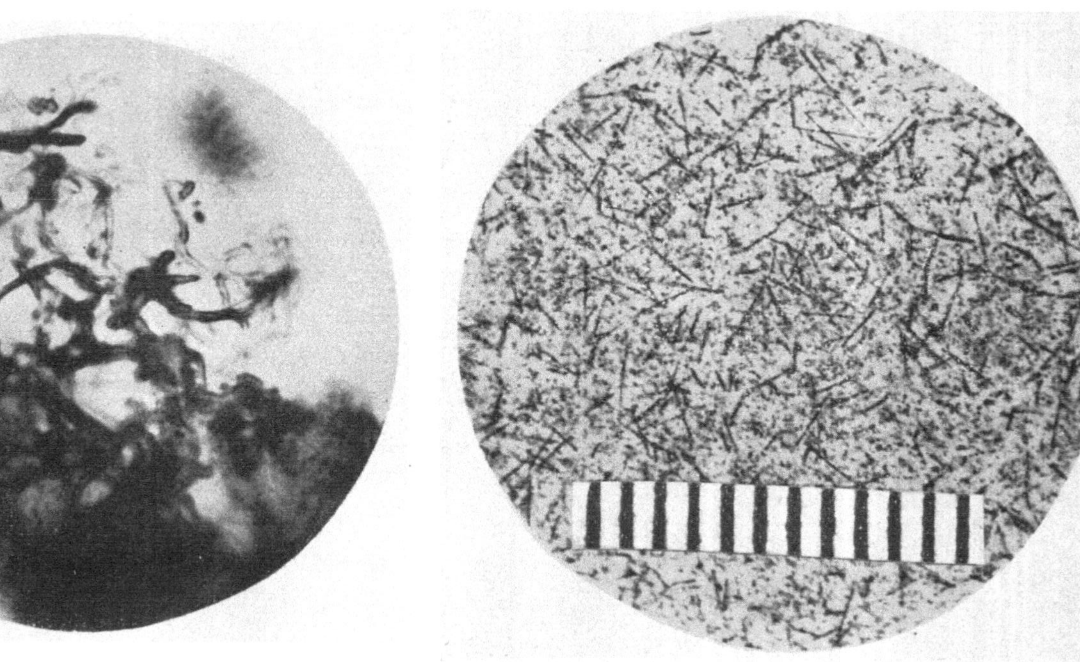

Abb. 12. Unvererzte und vererzte Scheiden von Eisenbakterien (vermutlich Leptothrix) aus dem Reissacherit der Quelle IX. Abb.-Maßstab 810:1. Aus unveröffentlichten Untersuchungen von Scheminzky und Vouk.

Abb. 13. Diffus verteilte Alphastrahlenbahnen in einer Kernplatte nach Auflegen von Reissacherit aus dem Pumpbehälter von Badgastein während 1 ½ Tagen. Abb.-Maßstab 400:1; Abstand der Teilstriche je 10 μ. Aus unveröffentlichten Untersuchungen von Rüling und Scheminzky.

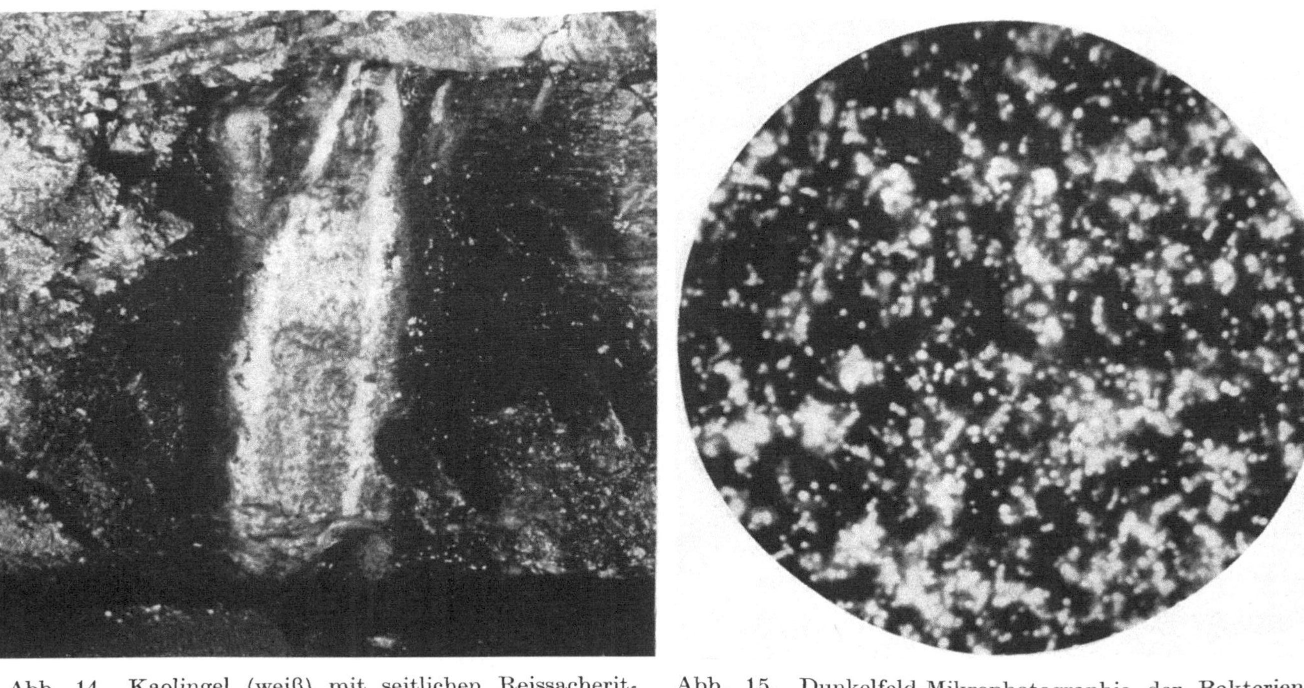

Abb. 14. Kaolingel (weiß) mit seitlichen Reissacherit-Ablagerungen (dunkel) in der Nische des Austrittes 14 der Quelle I. Ca. $^{1}/_{5}$ natürl. Größe.

Abb. 15. Dunkelfeld-Mikrophotographie der Bakterien im Kaolingel des Austrittes 14 der Quelle I. Abb.-Maßstab 480:1.

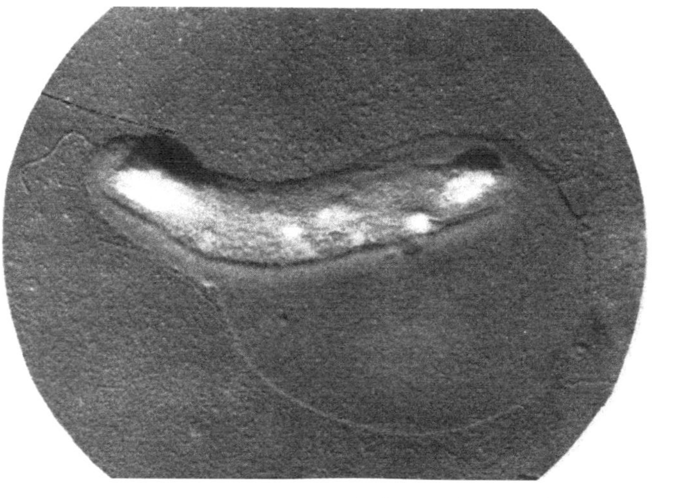

Abb. 16 (oben). Stäbchen-Bakterium mit Geißel (abgebrochen), von hyaliner Gallerte umgeben (Kieselsäure?), aus dem Kaolingel der Quelle I. Abb.-Maßstab (elektronenmikroskopisch) 18.000:1. — Abb. 17 (rechts). Mächtig entwickelter Polster des Lebermooses Conocephalum conicum (L.) Dum. über der Eingangstüre zum Stollen der Quelle X.

scheidend ist. Aus diesen Gründen besteht zwischen diesen radioaktiven Stoffen im Thermalwasser kein Gleichgewichtszustand; dieses läßt sich auch aus der Tab. 6 unmittelbar ablesen. Da ein Gramm Radium gleich 1 Curie (c) ist, müßten im Falle des radioaktiven Gleichgewichtes die Zahlen für die Konzentration an Radon und Radium numerisch gleich sein. Das Gleichgewichtsverhältnis zwischen Radium und Uran beträgt rund 1:3,000.000; die in 10^{-9} g/kg angeführte Konzentration an Radium müßte daher mit 3000 multipliziert werden, um den äquivalenten Urangehalt in 10^{-6} g/kg zu erhalten. Ein Blick auf die Tab. 6 zeigt aber, daß der tatsächliche Urangehalt weitaus geringer ist, daß also praktisch das Uran stets nur im Unterschuß gegenüber dem Gleichgewichtswert vorhanden ist. Etwas Ähnliches gilt im übrigen auch für die Folgeprodukte des Radons, die im Thermalwasser an der Quelle gleichfalls nur mit rund 20% des Gleichgewichtswertes vorkommen [8]. Eine gleichartige Unabhängigkeit für die Konzentration der radioaktiven Spurenstoffe findet sich auch bei den in der Tab. 6 angeführten gewöhnlichen Wässern des Gasteiner Raumes.

Bemerkenswert ist ferner, daß die in der Tab. 6 angeführten Nichtthermalwässer einen Urangehalt aufweisen, der in der gleichen Größenordnung wie bei den Gasteiner Thermalwässern liegt. Unsere frühere Auffassung, daß das Uran für die Gasteiner Thermalwässer gewissermaßen ein Leitelement darstellt, wird daher einer Revision unterzogen werden müssen. Ungeklärt bleibt dabei, warum sich gerade an den Thermalwasseraustritten in Badgastein sekundäre Uranmineralien, z. T. sogar mit Fluoreszenzvermögen, ausbilden, welche an den Quellaustritten der Nichtthermalwässer — die auch mit der Fluoreszenzlampe abgeleuchtet wurden — nicht zustande kommen. Ob hier der Temperaturunterschied des Wassers allein maßgeblich ist, sollen weitere Untersuchungen zeigen.

D. Urankonzentrierung in den niederen Pflanzen von Thermalwasseraustritten oder in deren Umgebung

Noch 1939 konnte Souci [52] in seiner Tab. 1 das Uran als ein Element anführen, dessen analytischer Nachweis in pflanzlichen und tierischen Geweben noch nicht erbracht ist. Angeregt durch die Befunde von Stocklasa und Penkava [53], daß ein geringer Zusatz von Uransalzen zu Nährlösungen Pflanzen stimulieren könne, untersuchte J. Hoffmann den Urangehalt niederer Pflanzen und konnte in diesen das genannte Schwermetall mittels der fluoreszierenden Natriumfluoridperle sogar quantitativ bestimmen [54, 55, 56]. In weiteren Arbeiten wurde Uran durch diesen Autor auch in tierischen und menschlichen Organen nachgewiesen [57]. Im vorliegenden Zusammenhang ist insbesondere die Feststellung bemerkenswert, daß das Flußwasser der March (Niederösterreich) rund $1 \, . \, 10^{-6}$ g U/Liter enthielt, während die Asche der planktonischen Algen dieses Flusses einen Urangehalt von $9{,}09 \, . \, 10^{-6}$ g/g Algenasche aufwies [54]; setzt man überschlagsmäßig den Aschengehalt mit 50% der Trockensubstanz an, so würde ein Gramm Trockensubstanz rund $4{,}5 \, . \, 10^{-6}$ g, ein Kilogramm Trockensubstanz $4500 \, . \, 10^{-6}$ g Uran enthalten. Es läßt sich dann eine Urankonzentrierung in 1 kg Trockensubstnaz der Algen von 4500 gegenüber einem Liter (= rund 1 kg) Flußwasser berechnen. Auch in der Hefe [55] sowie in Kulturen von Aspergillus niger, in den Sporen von Ustilago carbo sowie in Pflanzensamen [56] konnte J. Hoffmann Uran quantitativ nachweisen. Daß dabei nicht unerhebliche Konzentrierungen vorkommen — wie oben erwähnt im Verhältnis 1:4500 gegenüber dem Urangehalt des Flußwassers —, ist nicht erstaunlich; für lebende Organismen ist allgemein bekannt, daß sie Spurenelemente selbst bei großer Verdünnung aus dem Lebensraum anzureichern vermögen [58]. Für Zink ist z. B. im Ozeanplankton ein Anreicherungsfaktor bis zu 100.000 festgestellt worden [59]. Für Radium liegt ein Befund von Wiesner [60] vor, nach welchem Algen des Lunzer Sees (Niederösterreich), also aus einem durchaus nicht radioaktivem Milieu, diesen Spurenstoff sehr erheblich konzentrieren; Pelz [61] konnte den Nachweis führen, daß im radioaktiven Lebensraum von Badgastein gegenüber nichtradioaktiven Orten eine besonders deutliche Radiumanreicherung im Holz von Bäumen (der „Innenrinde“ zwischen Borke und Holz) zustande kommt. Aus späterer Zeit sind die Untersuchungen von Lexow und Maneschi [62] bemerkenswert, welche Uran in der Holzasche sowie im tierischen und menschlichen Knochen fanden. Seither sind zahlreiche Arbeiten über die Anreicherung radioaktiver Spurenstoffe in Pflanzen, Tieren und menschlichen Organen im Zusammenhang mit der Verseuchung von Luft, Wasser und Boden durch Spaltprodukte atomarer Reaktionen durchgeführt worden.

Im Zusammenhang mit unserer Uransuche im Raum von Badgastein prüften wir auch den Urangehalt der Algen, die sich dort vorfinden, wo wilde Thermalwasseraustritte frei über das Gestein abfließen, sowie den der Moose (insbesondere Lebermoose), welche sich in der Umgebung der Thermalquellen in meist reicher Menge und üppiger Entwicklung ansiedeln (vgl. das Beispiel der Abb. 17 auf Tafel X). Algen finden sich allerdings, infolge der sachgemäßen Fassung der Thermalquellen, nur mehr an sehr wenigen Stellen in größerer Menge vor. Eine allerdings nur sehr schwer zugängliche Fundstelle bildet die Quelle III-Wasserfall-Quelle, welche in einer zubetonierten Fassung im Fels des Achenbettes, vom Absturz des großen Wasserfalles überflutet, zum Vorschein kommt; die Betondecke konnte allerdings der Wucht des Wassers nicht standhalten, und durch Risse dringt das Thermalwasser nach außen, welches z. T. neben dem Achenwasser über den Fels abläuft und Blaualgen, im besonderen Phormidium luridum, Gelegenheit zur Entwicklung gibt.

Schon die ersten Bestimmungen in den Jahren 1948 bis 1950 mit Hilfe der fluoreszierenden Natriumfluoridperle ergaben einen bemerkenswerten Urangehalt in den Moosen. Für den qualitativen Nachweis wurden kleine Stücke lufttrockener Pflanzen — oder auch frische Moosstückchen, in der Hitze der Perle getrocknet — in das Natriumfluorid eingeschmolzen und die Perle dann mit der Analysenlampe S 100

Tabelle 7. Ergebnisse qualitativer Untersuchungen hinsichtlich des Urangehaltes von Algen und Moosen an den Gasteiner Thermalwasseraustritten

Pflanze	Fundort	Jahr	Urangehalt[1]
Algen:			
Phormidium luridum	Quelle III	1953	+
Moose:			
Conocephalum conicum (L.) Dum.	Quelle XVIII	1951	+
Conoceph. con. (L.) Dum. ..	Quelle XIV	1954	+ + +
Conoceph. con. (L.) Dum. ..	Quellen VI, IX, XI	1954	+ +
Conoceph. con. (L.) Dum. ..	Quellen I, VII, X, XVI	1954	+
Conoceph. con. (L.) Dum. ..	Quellen IX, X	1955	+
Conoceph. con. (L.) Dum. ..	Quelle VI	1956	+ + +
Conoceph. con. (L.) Dum. ..	Quellen XI, XVI	1956	+ +
Conoceph. con. (L.) Dum. ..	Quellen VII[2], X	1956	+
Preissia quadrata (Scop.) Nees	Quelle VIII[3]	1956	+ +
Pellia Fabbroniana Raddi ..	Quelle XVI	1956	+ +

[1] Es bedeuten + merkbare, + + deutliche, + + + sehr starke Fluoreszenz der Perle und damit geringen bzw. mittleren bzw. stärkeren Urangehalt.

[2] Eine andere Probe des gleichen Lebermooses vom Trockenmauerwerk einige Meter oberhalb des Quellaustrittes ergab keine positive Perle.

[3] Die Quelle VIII ist beim Neubau des Kursaales versiegt; an der hangseitigen Stützmauer des Gebäudes, an der früheren vermutlichen Austrittsstelle des Thermalwassers, fand sich das gegenständliche Lebermoos vor.

(366 mμ) untersucht. Vom Jahre 1951 ab bemühten wir uns auch bei diesen bloß qualitativen Nachweisen, stets eine annähernd gleich große Gewichtsmenge des Pflanzenmaterials in die Perle zu bringen. Es war dadurch möglich, wenigstens im groben festzustellen, ob ein niederer oder höherer Urangehalt vorlag. Wie die folgende Tab. 7 zeigt, war das von uns untersuchte Material von fast allen Gasteiner Quellaustritten in sämtlichen Untersuchungsjahren deutlich, mitunter sogar stark uranhaltig.

Auch Flechten scheinen im Gebiet von Gastein Uran anzureichern. Ballczo [25] beschrieb aus dem Stollen der Quelle X-Fledermaus-Quelle unter Nr. 5 seiner Aufzählung, einen im gewöhnlichen Licht rosafarbenen, bei 366 mμ bläulich fluoreszierenden „Quellabsatz" von lappig-fein gekrümmtem Aussehen, der sich u. a. durch einen Gehalt an organischer Substanz und durch seinen Urangehalt — nachgewiesen durch Einschmelzen des Materials in eine Natriumfluoridperle — auszeichnete. Nach unseren Feststellungen handelt es sich bei diesem auf den feuchten Ulmen und an der Firste des Fledermaus-Stollens vorkommenden „Quellabsatz" jedoch um eine Flechte, die allerdings noch nicht genau bestimmt wurde.

Nach dem Befund von Hoffmann [54] wäre es denkbar, daß an sich alle Algen und Moose das überall in Spuren verbreitete Uran anreichern und der Urangehalt der untersuchten Gasteiner Pflanzen nicht unbedingt mit dem Thermalwasser zusammenhängen müßte. Schon der negative Ausfall der Perlen mit dem Lebermoos Conocephalum conicum (L.) Dum., das nicht unmittelbar an der Quelle VII, sondern einige Meter ober dieser auf der Trockenmauer wuchs (Tab. 7), zeigt jedoch, daß durchaus nicht alle Lebermoose im Gasteiner Gebiet uranhaltig sein müssen; wir haben weiters Lebermoose auch von anderen, nicht durch einen besonderen Reichtum an radiooktiven Spurenelementen ausgezeichneten Orten untersucht und in diesen Fällen nur geringe oder keine nachweisbaren Mengen von Uran gefunden. Um jedoch sicher zu gehen, wurden auch quantitative Uranbestimmungen vorgenommen und der Urangehalt der Pflanzen mit dem Urangehalt im Thermalwasser verglichen.

Bei diesen pflanzlichen Proben wurde soweit als möglich vorerst das Frischgewicht bestimmt, dann das Trockengewicht bei 105° C, sodann verascht, mit Soda aufgeschlossen, die Schmelze in Salzsäure gelöst, dann zur Trockene gebracht, mehrmals mit Salzsäure abgeraucht, schließlich filtriert und mit verdünnter Salzsäure nachgewaschen; die weitere Verarbeitung des salzsauren Filtrates und

Tabelle 8. Urangehalte und Uran-Anreicherungsfaktoren bei niederen Pflanzen an den Gasteiner Thermalwasseraustritten

Probe Nr.	Fundstelle und Material	Wassergehalt %	Trockengehalt %	Aschengehalt %	Urangehalt				Konz.-Faktor	
					Frisch-gewicht in 10^{-6} g/g	Trocken gewicht in 10^{-6} g/g	Aschen-gewicht in 10^{-6} g/g	Wasser in 10^{-9} g/g	Frisch-gewicht	Trocken-gewicht
1	Umgebung Quelle VI, Lebermoos Conocephalum conicum	84,15	15,85	4,98	0,52	3,3	10,5	0,1	*5200*	33 000
2	Umgebung Quelle IX, Lebermoos Conoceph. con	81,47	18,53	5,80	0,48	2,6	8,3	—	—	—
3	Verlustwasser neben Quelle III, Blaualgen (Phormidium luridum)	93,35	6,65	3,12	0,33	4,9	10,5	—	—	—
4	Umgebung der ungefaßten Quelle XVIII, Lebermoos Conoceph. con.	—	—	—	—	2,23	8,0	—	—	—
5	Umgebung Quelle XIV, Lebermoos Conoceph. con.	85,66	14,34	4,72	0,28	1,9	5,9	2,7	104	704
6	Nische oberhalb Quelle XVI, Moos Pellia Fabbroniana Raddi	*79,67*	*20,33*	*6,91*	—	1,3	3,9	1,4	*237*	930
7	Nische oberhalb Quelle XVI, Lebermoos Conoceph. con.	*78,52*	21,48	10,78	0,23	1,05	2,1	1,4	*205*	750
8	Umgebung Quelle VI, nicht näher best. Laubmoos	*79,67*	*20,33*	*6,76*	*0,26*	1,0	3,0	0,1	*2600*	10 000
9	Mundloch Stollen Quelle I, Lebermoos Conoceph. con.	69,33	30,67	16,76	0,23	0,74	1,35	0,3	766	2 433
10	Felsplatte neben Quelle VII, Lebermoos Conoceph. con.	80,00	20,00	9,76	0,17	0,85	1,75	0,09	1888	9 444
11	Vor Stollen Quelle IX, Lebermoos Conoceph. con.	78,56	21,44	5,66	0,045	0,21	0,8	0,18	250	1 167

Anmerkung: Normal gedruckte Zahlen geben direkt bestimmte Werte und die aus ihnen berechneten Konzentrationsfaktoren wieder; *kursiv* gedruckte Zahlen sind bloß Annäherungswerte, berechnet auf Grund durchschnittlicher Wasser-, Trocken- und Aschengehalte in jenen Fällen, in denen diese Bestimmungen nicht ausgeführt werden.

die Auswertung der Perlen erfolgte dann genau so wie bei der quantitativen Uranbestimmung im Thermalwasser (Seite 30).

Tab. 8 gibt die quantitativen Urangehalte der untersuchten Algen und Moose sowie im Falle bereits bekannten Urangehaltes im Thermalwasser auch den Konzentrierungsfaktor sowohl für die Frischsubstanz als auch für die Trockensubstanz an. Biologisch interessanter ist in erster Linie die Urananreicherung im Trockengewicht der Pflanzensubstanz, da ja im Frischgewicht ein nicht unerheblicher Anteil an Wasser eingeschlossen ist, das selbst auch Uran enthält; außerdem kommt im Trockengewicht auch klarer zum Ausdruck, was die eigentliche Pflanzensubstanz anzureichern vermag. Man kommt dabei zu recht beträchtlichen Konzentrierungen; ein Lebermoos aus der Umgebung der Quelle VI (Probe Nr. 1) reichert bis 1:33.000 gegenüber dem Thermalwasser an, aber auch ein — nicht näher bestimmtes — Laubmoos aus dem gleichen Lebensraum (Probe Nr. 8) sowie die Lebermoose von den Quellen VII, I und IX (Proben Nr. 10, 9 und 11) konzentrieren mit 1:10.000 — 1:9444 — 1:2433 und 1:1167 das Uran in noch bemerkenswerter Weise. Diese Zahlen werden allerdings von einem Wassermoos (Cinclidotus aquaticus [Jacq.] Br. eur.) aus dem nichtradioaktiven Lebensraum des Mallnitzer Tauernbachtales (Kärnten) ganz erheblich übertroffen, welches Uran bis 1:100.000 in der Trockensubstanz anreichert [63]. Diesen hohen Anreicherungsfaktoren stehen im Gasteiner Raum allerdings auch wieder relativ kleine bei den Proben 5 bis 7 der Tab. 8 gegenüber. Zweifellos spielen für die Stärke der Urananreicherung neben der Art der niederen Pflanzen auch die Kontaktmöglichkeiten mit dem Thermalwasser eine große Rolle. Versucht man auf Grund der örtlichen Situation die Stärke des Kontaktes abzuschätzen, so zeigt sich das in Tab. 9 dargestellte Bild:

Man erkennt aus Tab. 9, daß sich die höchsten Anreicherungsfaktoren tatsächlich bei jenen Proben (Nr. 1 und 8) vorfinden, welche den günstigsten Kontakt mit dem Thermalwasser hatten; bei den kleineren Anreicherungsfaktoren sind die Beziehungen nicht ganz so klar, da die Proben mit den ungünstigsten Beziehungen zum Thermalwasser (Nr. 10 und 11) sich nicht in der dritten Reihe, sondern schon in der mittleren einordnen. Eine endgültige Beurteilung der Verhältnisse erlaubt die Tab. 9 allerdings noch nicht; denn bei den seinerzeitigen Probenahmen wurde auf die speziellen Eigentümlichkeiten des Standortes nicht besonders geachtet. Erst die Auswertung der Befunde zeigt, daß auch diese Eigentümlichkeiten wegen der Urananreicherung von Interesse

Tabelle 9. Zusammenhang von Uran-Anreicherungsfaktoren und Kontaktmöglichkeit mit dem Thermalwasser

Anreicherungsfaktor	Probe-Nr.	Kontakt mit dem Thermalwasser
33.000 – 10.000	1	+ + +
	8	+ + +
10.000 – 1000	9	+ +
	10	+
	11	+
unter 1000	5	+ +
	6	+ +
	7	+ +

Anmerkung: + + + bedeutet sehr guten Kontakt (Leben im Thermalwasser selbst (Algen), Wachsen am Rand von Thermalwasserströmen oder auf einem vom Thermalwasser überrieselten Untergrund usw.), + + mittelguten Kontakt (größere Entfernung vom Thermalwasser, Wachstum bloß in der Spritzwasserzone usw.), + bloß geringer Kontakt (noch größere Entfernung vom Thermalwasser, Vorkommen in Zonen, in denen bloß der Thermalwasserdunst vorbeistreicht usw.).

gewesen wären. Es sind aber bereits neue Untersuchungen von H. Eigelsreiter und E. Pohl im Gang, in welchen unter genauer Festlegung der Verhältnisse am Standort in den pflanzlichen Proben sowie im örtlichen Thermalwasservorkommen der Gehalt an Uran, Radium und Mesothor zwecks Bestimmung der Anreicherungsfaktoren untersucht wird.

Die geschilderten Befunde über die Anreicherung des Urans in niederen Pflanzen des Thermalwassermilieus waren der Anlaß, auch die Verhältnisse an nichtradioaktiven Standorten zu überprüfen (Scheminzky [63]). Im Gasteiner Raum haben sie auch mitgeholfen, den früheren Austrittsort der versiegten Quelle VIII-Wandelbahn-Quelle mit großer Wahrscheinlichkeit wieder aufzufinden. Diese noch in der Quellenkarte von Reissacher [64] aus dem Jahre 1865 verzeichnete

Quelle, die am Hang zur Ache unterhalb der damaligen Wandelbahn zum Vorschein kam, ging bei Errichtung der Fundamente für den neuen Kursaal im Jahre 1901 durch bauliche Maßnahmen verloren. Die Veränderungen auf dem steilen Hang sind seit dem vorigen Jahrhundert so groß geworden, daß der ehemalige Austrittsort auf Grund der Reissacherschen Karte heute nur mehr ganz im groben angegeben werden kann. Nun zeigte sich an einer Stelle der Fundamentmauer des Kursaales ein gehäuftes Vorkommen von Lebermoosen, die sich an anderen Stellen dieser Mauer nicht vorfanden; die qualitative Untersuchung der Moose auf Uran mit der fluoreszierenden Natriumfluoridperle hatte ein positives Ergebnis und sprach für eine Beziehung zum Thermalwasser. Die Ableuchtung dieser Mauerzone mit der tragbaren Einrichtung für gefilterte ultraviolette Strahlen von 254 mμ ergab dann auch ein gehäuftes Vorkommen sekundärer fleckenartig angeordneter Uranmineralien vom Typus des Kalk-Opalsinters. Beide Befunde — Vorkommen von Lebermoosen mit deutlich höherem Urangehalt sowie Häufung von Flecken sekundärer Uranmineralien —, dürften wohl den Schluß rechtfertigen, daß unter dieser Stelle der Kursaal-Fundamentmauer das Thermalwasser der ehemaligen Quelle VIII noch als Riesel vorhanden ist, aus welchem es offenbar in den Poren des Mauerwerkes kapillar aufsteigt [63]. Nach den Gasteiner Erfahrungen hat es sich im übrigen auch als zweckmäßig erwiesen, beim Vorkommen von Pflanzen in Quellaustritten diese vorerst mit der Schnellmethode der Natriumfluoridperle auf ihren Urangehalt zu prüfen; infolge seiner Anreicherung wird dieses Spurenelement dann schnell gefunden und der Ausfall der Probe kann bei entsprechender Erfahrung Anhaltspunkte dafür geben, welche Wassermenge für die quantitative Uranbestimmung erforderlich sein wird. Auch für die Frage der biologischen Entseuchung radioaktiv verunreinigter Gewässer sind derartige Untersuchungen über die Anreicherung solcher Spurenstoffe in Pflanzen von Interesse. Alle diese Folgerungen aus den Uranbestimmungen in Pflanzen wurden bereits an anderer Stelle ausführlich erörtert [63].

Besprechung der Ergebnisse

Den im Raum der Thermalwasseraustritte von Badgastein seit langem bekannten radioaktiven Spurenstoffen Radium und Thorium samt Folgeprodukten konnte im Rahmen der beschriebenen Untersuchungen auch noch das Mutterelement der Radiumreihe, das Uran, zugefügt werden. Wohl hatte Karlik [9] schon 1937 Uran im Mangan-Eisen-Niederschlag (Reissacherit) der Quelle IX-Elisabeth-Quelle nachgewiesen, Hernegger [48] über Veranlassung durch den einen von uns (Sch.) 1949/50 auch im Thermalwasser einiger Gasteiner Thermalquellen selbst; aus unseren Untersuchungen ergab sich aber eine überaus weite Verbreitung dieses Spurenstoffes im Gasteiner Quellenraum. Daß dieses seit Jahrzehnten in Gastein vermißte Element nunmehr beinahe auf Schritt und Tritt gefunden werden konnte, ist der Anwendung der Fluoreszenzanalyse, vor allem mit der kurzen Wellenlänge von 254 mμ, zu danken. Uran konnte nicht nur in allen daraufhin untersuchten Thermalwasseraustritten nachgewiesen werden, sondern auch in anderen kalten Wässern der näheren und weiteren Umgebung von Badgastein. Aus dem Thermalwasser tritt Uran auch in die Quellsinter und sonstigen Quellabsätze über, wobei mitunter beträchtliche Anreicherungen stattfinden, so daß z. B. Quellsinter dadurch nicht sehr selten zu mehr oder minder starker Fluoreszenz angeregt werden. Uran wird ferner auch von den niederen Pflanzen, vor allem Algen und Moosen, angereichert, die im Thermalwasser selbst, ferner an Standorten, die vom Thermalwasser überrieselt werden, oder sonst irgendwie in der Nähe von Thermalwasseraustritten vorkommen, wobei auch hier beträchtliche Urankonzentrierungen in der pflanzlichen Substanz zu verzeichnen sind (bis zu 33.000:1, auf die Trockensubstanz bezogen).

Bemerkenswert erscheint auch, daß die Bildung der — radioaktive Spurenelemente anreichernden — Quellsinter und Quellabsätze kein rein anorganischer Vorgang ist, da bei allen diesen Prozessen Mikroorganismen mitwirken: Blaualgen bei den Warzen- und Knöpfchensintern, Eisen- (und Mangan-) Bakterien beim Reissacherit, Kieselsäurebakterien beim Kaolingel. Scheminzky und Grabherr [16] haben auch die Frage aufgeworfen, ob bei der Bildung der Warzen- und Knöpfchensinter die nicht selten beträchtliche Urananreicherung ein rein anorganischer, an die Kalk- und Kieselsäureabscheidung gebundener Vorgang ist oder ob dabei die Urananreicherung durch die Blaualgen eine wesentliche Rolle spielt. Auf Grund der hier mitgeteilten Befunde kann diese Frage bereits entschieden werden. Da der Abdampfrückstand des

Gasteiner Thermalwassers fluoreszierend gefunden wurde, muß offenbar dessen Urangehalt für die Fluoreszenzanregung bei 254 mμ hinreichen. Der Trockenrückstand des Thermal-Mischwassers beträgt bei 105° C 349,4 mg/kg, der Urangehalt 2,35 . 10^{-6} g/kg [12]. Daraus berechnet sich ein Urangehalt pro Gramm Trockenrückstand von 6,7 . 10^{-6} g. Im Vergleich zu den Quellsintern enthält der Trockenrückstand allerdings noch einen erheblichen Anteil an löslichen Salzen, welche der im wesentlichen nur aus Calciumcarbonat und Kieselsäure bestehenden Sintersubstanz fehlen (Tab. 3). Bezieht man deshalb den Urangehalt des Trockenrückstandes bloß auf das Calciumcarbonat (rund 50 mg/kg) und die Kieselsäure (rund 52 mg/kg), so kommt man zum Wert von rund 23 . 10^{-6} g Uran je Gramm des Gemisches dieser beiden Stoffe. Vergleicht man damit den Urangehalt des natürlich entstandenen Sinters nach Tab. 2 mit 5 bis 50 . 10^{-6} g/g Sintersubstanz — vom Sonderfall der vermutlich jahrhundertealten Sinter an den Ulmen des Fledermaus-Stollens mit 1000 . 10^{-6} g U/g Sintersubstanz abgesehen —, so liegt der Wert von 23 . 10^{-6} g U/g des Calciumcarbonat/Kieselsäure-Gemisches im Trockenrückstand des Thermalwassers durchaus in gleicher Größenordnung. Das bedeutet, daß der Urangehalt des Thermalwassers allein ausreichen würde, den Urangehalt der Abscheidung des Calciumcarbonates und der Kieselsäure in Sinterform und deren Fluoreszenzvermögen aufzuklären, ohne daß dazu noch eine besondere Urananreicherung durch die Blaualgen hinzukommen müßte. Für diese Auffassung spricht auch, daß die künstlich auf den Aluminium- und Glasplatten erzielten fluoreszierenden Krusten mit fast gleicher chemischer Zusammensetzung wie die natürlich entstehenden Quellsinter sicherlich rein anorganisch, ohne Mitwirkung von Algen entstanden sind, welche in der kurzen Entstehungszeit und an den lichtlosen Entstehungsorten auch kaum die erforderlichen Entwicklungsbedingungen gefunden hätten; auch kommen an den Gasteiner Quellen, z. B. an der Ortsbrust im Stollen der Quelle I-Franz-Josephs-Quelle, fluoreszierende Quellsinter vor, die schon an der bloß flächenhaften Ausbildung (ohne Warzen- und Knöpfchenform) ihre rein anorganische Entstehung erkennen lassen. Es mag sein, daß die Urananreicherung in den Algen einen weiteren Beitrag für den Urangehalt der Warzen- und Knöpfchensinter liefert, notwendig erscheint er nach diesen Überlegungen jedoch nicht. Weitere Untersuchungen dazu sind im Gange.

Das Vorkommen radioaktiver Spurenstoffe in überdurchschnittlicher Konzentration ist jedoch nicht auf den engeren Raum der Gasteiner Quellaustritte beschränkt, wie die seit 1936 durchgeführten Untersuchungen des Forschungsinstitutes Gastein zeigten. Dieses Vorkommen erstreckt sich vor allem auch nach Südwesten, Süden und Südosten, in die alten Bergbaugebiete, in welcher Zone noch befahrbare Bergwerkstollen die Möglichkeit zur Entnahme von Luft-, Wasser- und Gesteinsproben boten. Scheminzky [65] hat die bisher noch nicht zusammenhängend veröffentlichten Einzelbefunde verschiedener Mitarbeiter zusammengestellt, die hier zum Abschluß in Tab. 10 wiedergegeben werden sollen; die Tabelle weist die Orte für das Vorkommen von Radiumemanation in Wasser und Luft nach, das Auftreten sekundärer (fluoreszierender) Uranmineralien sowie auch zählrohraktiver Mineralien, also solcher, die auch beta- und gammastrahlende radioaktive Spurenelemente enthalten.

Die Frage, warum gerade im Raum von Badgastein/Böckstein eine solche Häufung der Vorkommen von radioaktiven Spurenelementen stattfindet, konnte bis heute noch nicht geklärt werden. Uran und Radium sind an sich ja in der Erdrinde allgegenwärtig, für das Uran kann im Mittel ein Gehalt von $4 \cdot 10^{-6}$ g je Gramm Gestein angenommen werden [66]. Die sauren Intrusivgesteine, welche auch das Gasteiner Gebiet der Hohen Tauern aufbauen, enthalten nach einer Zusammenstellung von Joly [67] den noch höheren Wert von rd. $11 \cdot 10^{-6}$ g/g. Die Messungen von E. Pohl [68] konnten erweisen, daß die speziellen Gesteine des Gasteiner Raumes tatsächlich von diesem Wert kaum wesentlich abweichen; lediglich für das Material der Kluftfüllung in der Hauptthitzekluft des Thermalstollens (Radhausberg-Unterbaustollens, Pasel-Stollens) im Naßfelder Tal hinter Böckstein wurde von diesem Autor der doppelte, für den granosyenitischen Gneis der Romate-Decke etwa der vierfache Wert des Durchschnittes gefunden. Aber auch diese höheren Werte reichen nicht aus, um etwa die relativ hohe Konzentration der Radiumemanation in der Luft des Thermalstollens zu erklären, welche nach weiteren Untersuchungen von E. Pohl und J. Pohl-Rüling nur aus der Hauptthitzekluft aufsteigen kann [69]. Auch das bei den vorliegenden Untersuchungen in den Quellsintern und in den niederen Pflanzen angereichert gefundene Uran kann keineswegs un-

Tabelle 10. Vorkommen radioaktiver Spurenstoffe im Gebiet von Badgastein/Böckstein

Lfd. Nr.	Fundstelle	Radioaktives Wasser	Radioaktive Luft	Sekundäre U-Min.	Zählrohrakt. Mineralien
1	Badgastein, Ortszentrum	+++	+	++	+++
2	Badgastein, Windischbauer-Quelle in der Zottelau			+	
3	Badgastein, Dämpfeklüfte in der Gärtnerei Streitmaier		+		
3a	Böckstein, Luft im Ortskern		+		
4	Böckstein, Alter Schrämstollen bei Bahnkilometer 33,35			+	
5	Böckstein, Tauerntunnel (Wasser, Luft, jedoch Gesteine von der Deponie	++	+	+	
6	Böckstein, (Maria-) Paris-Stollen im Kniebeißgang, 1344 m		++	++	++
7	Wildenkar-Stollen, 1668 m		+		
8	Pasel-Stollen, 1280 m	++	+++	+++	++
9	Taddäus-Stollen, 1412 m		+		
10	Sigismund-Stollen, 1909 m		++		
11	Gestänge-Stollen, 2060 m........		+		
12	Bockhart-Unterbaustollen, 1984 m	++	+++		
13	Alter Schrämstollen im Seekopf-Hangendgang, 2180 m		+		
14	Imhof-Unterbaustollen, 1624 m ..		+	+++	++
15	Schmidten-Stollen, 2185 m		+		
16	St.-Andrä-Jakob-Stollen, 2162 m .		++		

Anmerkung: Die Zahl der Pluszeichen gibt Konzentration, Menge oder Häufigkeit an. — Die Tabelle entstammt dem Jahresbericht über die Tätigkeit des Forschungsinstitutes Gastein im Jahre 1955 [65]; dort sind auch die Fundorte in einer Karte eingetragen, ferner die Mitarbeiter genannt, denen die Einzelbefunde zu verdanken sind.

mittelbar dem Gestein entstammen, sondern muß dem Thermalwasser entnommen worden sein. Dies geht schon aus dem hier geführten Nachweis hervor, daß sich auch künstlich fluoreszierende Quellsinter auf Aluminium- oder Glasplatten zur Entstehung bringen lassen, die für einige Wochen bis Monate in Gasteiner Thermalquellen eingehängt werden. So wie hier der Urangehalt der Sinter bloß aus dem Thermalwasser stammen kann, läßt sich auch der Urangehalt der im Thermalwasser flottierenden Algen nur aus diesem herleiten. Daß das Thermalwasser wieder seinen Urangehalt dem Gestein unmittelbar entnimmt, halten Haberlandt und Schiener [70] sowie Haberlandt [71] im Hinblick auf die geringe Löslichkeit der aktiven Mineralien Orthit, Xenotim und Zirkon schwer vorstellbar. Diese Autoren haben daher an das Aufdringen postmagmatischer Dämpfe gedacht, welche möglicherweise auch Uranfluorid mitgebracht haben könnten; tatsächlich war im Neogastunit, einem sehr jungen und für die Bergwerksstollen des Gasteiner/Böcksteiner Raumes sehr charakteristischen — mit dem Schröckingerit bzw. Dakeit identischen — sekundären Uranmineral auch ein geringer Gehalt an Fluor nachzuweisen [69]; im Sickerwasser des Thermalstollens konnte Ballczo [13] ebenfalls Fluor auffinden. Die erwähnte Auffassung von Haberlandt und Schiener paßt auch gut zur Meinung von Stini [72], nach welchem Autor auch heute noch die Wärme der Gasteiner Therme und der Gesteine im Thermalstollen durch Aufsteigen heißer Gase zustande kommen würde, welche auch die Radiumemanation aus der Tiefe mit sich führt.

Abschließend soll noch darauf hingewiesen werden, daß an keiner Stelle des Gasteiner Raumes die wichtigsten radioaktiven Spurenstoffe: Uran, Radium und Radiumemanation im Gleichgewichtsverhältnis nebeneinander vorkommen. Ähnlich wie bei anderen Thermalquellen, z. B. in Karlsbad (Hoffmann [73]), ist dies auch kaum zu erwarten. Nimmt das Thermalwasser Uran und Radium aus Muttergesteinen auf, in welchem diese Stoffe im Gleichgewicht vorhanden sind, so erfolgt doch die Lösung in einem anderen Verhältnis; wird das Uran aber mit Dämpfen zugeliefert, so kann ebenfalls kein Gleichgewicht mit dem Radium bestehen. Weiters erleidet das Thermalwasser in seinen Aufstiegswegen sekundäre Veränderungen: im Reissacheritschlamm werden Uran und Radium adsorbiert, dafür Emanation dem Thermalwasser mitgegeben. In den jungen Urananreicherungen (Quellsinter, sekundäre Uranminerale, pflanzliche Substanz) ist das Alter für die Ausbildung eines Uran/Radium-Gleichgewichtes viel zu kurz; ein gleichzeitiger Gehalt an Radium in diesen Bildungen, der u. a. auch hier nachgewiesen wurde, kann daher nicht auf den radioaktiven Zerfall, sondern bloß auf Mitaufnahme des Radiums zurückgeführt werden, wobei wieder die Anreicherungsbedingungen in den verschiedenen Medien für Uran und Radium voneinander abweichen.

Zusammenfassung

Das Vorkommen von Radium und Thorium samt Folgeprodukten (insbesondere der Radiumemanation) im Gasteiner Thermalwasser war schon seit Jahrzehnten (seit der Entdeckung der Radioaktivität dieser Therme überhaupt) bekannt. Mit Hilfe der Fluoreszenzanalyse konnte in der vorliegenden Untersuchung nachgewiesen werden, daß auch das lange vermißte Mutterelement der Radiumreihe, das Uran, im Gasteiner Raum in weiter Verbreitung vorhanden ist. Es kommt nicht nur in allen daraufhin untersuchten Thermalwasseraustritten vor, sondern auch in kalten Wässern des weiteren Gasteiner Raumes. Aus dem Thermalwasser gelangt es in die Quellsinter und sekundären Uranmineralien, die meisten auch Uranfluoreszenz zeigen. Ebenso ist Uran in den sonstigen Quellabsätzen enthalten und wird auch von niederen Pflanzen (Algen und Moosen) aufgenommen und konzentriert, welche im Bereich der Thermalwasseraustritte leben. Außer dem Uran werden in den Sintern und Absätzen der Gasteiner Therme auch noch andere radioaktive Spurenelemente und Schwermetalle angereichert.

Bemerkenswert ist ferner, daß die Sinter und Absätze der Gasteiner Thermalquellen ihre Bildung wenigstens teilweise biologischen Prozessen verdanken: die Warzen- und Knöpfchensinter entstehen unter Mitwirkung von Blaualgen, der Mangan-Eisenschlamm (Reissacherit) unter Mitwirkung von Eisen- (und Mangan-) Bakterien, das Kaolingel unter Mitwirkung von Kieselbakterien.

Abschließend werden einige allgemeine Folgerungen in hydrologischer und geochemischer Hinsicht erörtert, die sich aus den mitgeteilten Befunden ergeben.

Literatur

[1] Mache, H.: Sitzber. Akad. Wiss. Wien, Mathem. natw. Kl., Abt. II a, **113** (1904), 1329.

[2] Curie, P., und A. Laborde: C. R. Ac. Sc. (Paris) **138** (1904), 1150.

[3] Dorn, E.: Abh. naturf. Ges. Halle **25** (1904), 107.

[4] Hesius, B.: Dissertation Halle 1910.
[5] Kolhörster, W.: Dissertation Halle 1911.
[6] Mache, H.: Sitzber. Akad. Wiss. Wien, mathem.-natw. Kl., Abt. II a, **132** (1923), 207.
[7] — und M. Bamberger: Sitzber. Akad. Wiss. Wien, mathem.-natw. Kl., Abt. II a **123** (1914), 325.
[8] Aurand. K., W. Jakobi und A. Schraub: Sitzber. Österr, Akad. Wiss., mathem.-natw. Kl., Abt. II, **165** (1956), 133.
[9] Dittler, E., und E. Abrahamczik: Zentrbl. Min. usw., Abt. A (1938), 7, 201.
[10] Zschocke, K.: Eine Veröffentlichung wird erst später im Rahmen einer Monographie über den Thermalstollen bei Badgastein/Böckstein erscheinen.
[11] Scheminzky, F.: Wien. klin. Wochschr. **64** (1952), 66; ferner Bad Gasteiner Badeblatt (1952), Nr. 38/45.
[12] Die letzte Analyse des Mischwassers aus allen Gasteiner Thermalquellen (ebenso die des Warmwassers im Druckstollen Lend) ist kürzlich bei F. Scheminzky, Bad Gasteiner Badeblatt (1955), Nr. 4/8 veröffentlicht worden.
[13] Ballczo, H.: Zeitschr. physikal. Ther. usw. **2** (1949), 136.
[14] Grabherr, W.: Bad Gasteiner Badeblatt (1949), Nr. 3.
[15] Magdeburg, P.: Sitzber. naturf. Ges. Leipzig 56/59 (1929/32), 14; ferner: Kalksinterbildungen durch Höhlenpflanzen. In „400 Jahre Höhlenforschung in der Bayerischen Ostmark“, Bayreuth 1935.
[16] Scheminzky, F., und W. Grabherr: Tschermaks min. und petrogr. Mitt. (3. Folge) **2** (1951), 257.
[17] Mache, H.: Mitt. Alpenländ. geol. Ver. (Mitt. Geolog. Ges. Wien) **34** (1941), 69.
[18] Scheminzky, F.: Spectrochimica acta **3** (1948), 191; vgl. dazu auch Scheminzky, F., und L. Kramer: Zeitschr. ges. exp. Med. **111** (1942), 235.
[19] Haberlandt, H., F. Hernegger und F. Scheminzky: Spectrochimica acta **4** (1950), 21.
[20] Nichols, E. L. und M. K. Slattery: J. Opt. Soc. America **12** (1926), 449; ferner M. K. Slattery: ebenda **19** (1929), 175.
[21] Hernegger, F.: Anz. Akad. Wiss. Wien, Mathem.-natw. Kl. (1933), 15.
[22] — und B. Karlik: Sitzber. Akad. Wiss. Wien, Mathem.-natw. Kl., Abt. II a, **144** (1935), 217.
[23] Haberlandt, H. und A. Schiener werden die Untersuchungsergebnisse über diese Mineralien gesondert veröffentlichen.
[24] Scheminzky, F.: Bad Gasteiner Badeblatt (1955), Nr. 4/8.
[25] Ballczo, H.: Zeitschr. physikal. Ther. usw. **3** (1950), 12.
[26] Schroll, E.: noch unveröffentlichtes Untersuchungsprotokoll mit Datum vom 16. 11. 1949 im Archiv des Forschungsinstitutes Gastein.

[27] Rüling, J. und F. Scheminzky: Tschermaks mineralog. u. petrogr. Mitt. (3. Folge) **2** (1951), 283.

[28] Reissacher, K.: Jahrb. Kaiserl.-königl. Geolog. Reichsanstalt Wien **7**, (1856), 307.

[29] Meixner, H.: Der Karinthin, Folge **13**, 12.

[30] Hornig, E.: Analysenbefund als Fußnote in Lit. [28] angeführt.

[31] Zitiert nach Koritnig, vergl. Lit. [34].

[32] Mache, H. und St. Meyer: Physikal. Zeitschr. **6** (1905), 62.

[33] Die Analysen von H. Ballaczo der Proben aus dem Besitz von J. Knett sind nicht veröffentlicht worden, sondern befinden sich bloß im Archiv des Forschungsinstitutes Gastein.

[34] Koritnig, S.: Zbl. Min. A (1939), 167.

[35] Weber, A.: Anz. Akad. Wiss. Wien (1935), Nr. 26.

[36] Ebler, E. und M. Fellner: Zeitschr. anorg. Chemie **73** (1912), 1.

[37] Mache, H.: Gasteiner Kurzeitung **1** (1924), Nr. 12, 1.

[38] Stockmayer, S.: Österr. Bäderbuch. Wien: Österr. Staatsdruckerei, 1928.

[39] Die Untersuchungen von F. Scheminzky und V. Vouk sind noch nicht abgeschlossen und veröffentlicht; eine vorläufige Mitteilung erschien von V. Vouk im Badgasteiner Badeblatt (1953), Nr. 41/42.

[40] Doelter, C.: Handbuch der Mineralchemie, III/2, Seite 833. Dresden-Leipzig: Th. Steinkopf, 1926.

[41] Tornquist, A.: Mitt. Geolog. Ges. Wien **21** (1928).

[42] Briefliche Mitteilung von H. Haberlandt; die Befunde werden später zusammen mit den Untersuchungsergebnissen neuer Reißacherit-Analysen veröffentlicht werden.

[43] Kiene, J.: Die warmen Quellen zu Gastein. Salzburg: F. X. Duyle'sche Buchhandlung, 1847.

[44] Pascher, A.: Bericht über die mikroskopische Untersuchung der Quellabsätze (1937), unveröffentlicht im Archiv des Forschungsinstitutes Gastein.

[45] Kirsch, G.: Bad Gasteiner Badeblatt (1939), Nr. 16/18.

[46] Brussof, A.: Arch. Mikrobiol. 4 (1933), 2.

[47] Diese Hinweise (Eiweiß- bzw. Cellulose-Gehalt der organischen Masse im Kaolingel bzw. Nachweisbarkeit seines Urangehaltes mit der Natriumfluoridperle) finden sich nicht in der Originalveröffentlichung (9), dagegen wohl im Arbeitsbericht von E. Dittler aus dem Jahre 1936 im Archiv des Forschungsinstitutes Gastein.

[48] Scheminsky, F.: Tätigkeitsbericht des Forschungsinstitutes Gastein in Badgastein für das Jahr 1950; als Manuskript vervielfältigt.

[49] Die Tätigkeitsberichte aus dem Forschungsinstitut Gastein werden alljährlich im Badgasteiner Badeblatt veröffentlicht.

[50] Savič, P. und I. Draganič: Bull. Acad. Serbe des Sciences, Tome IV, Classe des sciences mathem. et nat. (1952), Nr. 2, 149.

[51] Haschek, E. und M. Haitinger: Sitzber. Akad. Wiss. Wien, Mathem.-natw. Kl., Abt. II a, **141** (1932), 621.

[52] Souci, S. W.: Balneologe **6** (1939), 465 und 497.

[53] Stocklasa, J. und J. Penkava: Biologie des Radiums und des Urans. Berlin: Verlag Paul Parey, 1932.

[54] Hoffmann, J.: Naturwissenschaften **29** (1941), 403.

[55] — Biochem. Zeitschr. **311** (1941/42), 311.

[56] — Biochem. Zeitschr. **313** (1942/43), 377.

[57] — Biochem. Zeitschr. **315** (1943), 26 und 362.

[58] Berg, G.: Das Leben im Stoffhaushalt der Erde. Leipzig: Ambrosius Barth, 1936.

[59] Vernadsky, W.: La Géochemie. Paris: Felix Alcan, 1924 (auch in deutscher Übersetzung von E. Kordes in Leipzig: 1930 erschienen).

[60] Wiesner, R.: Sitzber. Akad. Wiss. Wien, mathem.-naturw. Kl., Abt. II a, **147** (1938), 521.

[61] Pelz, F. M.: Anz. Akad. Wiss. Wien, mathem.-natw. Kl. (1939) 18/19.

[62] Lexow, S. und E. P. Maneschi: Informaciones Argentinas, **2** (1949).

[63] Scheminzky, F.: Fundamenta balneo-bioclimatica (Stuttgart) **1** (1958/59).

[64] Reissacher, K.: Der Kurort Wildbad Gastein. Salzburg: Verlag Mayr, 1865 (unter dem Titel „Geschichte der Gasteiner Heilquellen" in Badgastein: Verlag K. Krauth, 1940 als Neudruck erschienen).

[65] Scheminzky, F.: Tätigkeitsbericht des Forschungsinstitutes Gastein für das Jahr 1955. Badgasteiner Badeblatt (1957), Nr. 3/7.

[66] Vergl. dazu J. d'Ans und E. Lax, Taschenbuch für Chemiker, S. 1267. Berlin: 1949; ferner S. I. Tomkeieff, Science Progress **3** (1946), 696.

[67] Joly, J.: Nature **114** (1924).

[68] Pohl, E.: Dissertation Phil., Innsbruck 1949; ferner Chr. Exner und E. Pohl, Jahrb. Geolog. Bundesanstalt Wien 94/2 (1949/51).

[69] — und J. Pohl-Rüling: Berg- und hüttenmännische Monatshefte **99** (1945), 37.

[70] Haberlandt, H. und A. Schiener: Tschermaks mineral. u. petrogr. Mitt. (3. Folge) **2** (1951), 292.

[71] — Mikrochemie, ver. mit Mikrochimica acta **39** (1952), 92.

[72] Stini, J.: Badgasteiner Badeblatt (1954), Nr. 42/43; seine jahrelangen Untersuchungen im Gasteiner Raum konnte der im Jänner 1958 verstorbene Autor nicht mehr ausführlich veröffentlichen; es wird versucht werden, das Wesentlichste noch aus dem Nachlaß auszuwerten.

[73] Hoffmann, J.: Anzeiger Akad. Wiss. Wien, mathem.-natw. Kl. (1939), Nr. 18/19.

Hawliczek F.: Über die Verwendung des Elektrokardiographen als Registriergerät in der Radiokardiographie (mit 3 Abbildungen), MIR Nr. 486, 4 Seiten. S 4.—

Hießberger F. und Karlik Berta: Weitere Untersuchungen über das Astatisotop 218 (mit 7 Abbildungen), MIR Nr. 487, 13 Seiten. S 8.30

Lang K.: Die spektrale Energieverteilung einer Neonlinie bei verschiedenen Entladungsbedingungen (mit 7 Abbildungen) 22 Seiten. S 13.80

Schneider W. und Matitsch T.: Eine photographische Methode zur quantitativen Bestimmung von Actinium (mit 3 Abbildungen), MIR Nr. 488, 19 Seiten. S 6.30

Tungl E.: Anschluß von Stäben mit ⊏-Querschnitt (mit 3 Abbildungen), 9 Seiten. S 10.60

Wänke H.: Ein elektronisch-optisches Verfahren zur Aufzeichnung der Amplitudenverteilung elektrischer Impulse (mit 16 Abbildungen), MIR Nr. 489, 22 Seiten. S 13.50

Weinzierl P.: Herstellung linearer Ra*DE*-Präparate aus hochgereinigter Radiumemanation (mit 2 Abbildungen), MIR Nr. 493, 12 Seiten. S 9.—

1953 (S II a, Bd. 162):

Blöch R.: Die Bildung von Oberflächenkristallen auf Alkalihalogeniden, Fluorit und Kalzit bei Bestrahlung mit Polonium (mit 4 Abbildungen), MIR Nr. 494. S 8.20

Drexler O.: Die Farbzentrenausbeute in Steinsalz für β-Strahlen mittlerer Energie (mit 8 Abbildungen), MIR Nr. 498. S 12.—

Herglotz H.: Zur sekundären Erregung des Chrom-$K\alpha_3$-Satelliten (mit 11 Abbildungen) S 12.80

Pohl E.: Ein neues Emanometer für Präzisionsmessungen mit vielseitiger Verwendungsmöglichkeit (mit 5 Abbildungen). Mitteilung aus dem Forschungsinstitut Gastein Nr. 88. S 12.40

Przibram K.: Über die Farb-Bänderung des Fluorits (mit 3 Abbildungen), MIR Nr. 497. S 10.90

Tomiser J.: Analyse von Sulfonamidgemischen mit Hilfe des Ramaneffektes (mit 9 Abbildungen). S 14.60

Tomiser J.: Ramanspektren von Sulfonamiden (mit 21 Abbildungen). S 47.20

Treitl K.: Über die Verfärbung von NaCl, KCl und CaF_2 mit Kathodenstrahlen (mit 8 Abbildungen), MIR Nr. 500. S 8.90

1954 (S II, Bd. 163):

Glaser W.: Licht und Materie in einheitlicher Deutung. S 52.—

Pohl E. und Pohl-Rüling Johanna: Radioaktive Luftmessungen im Raum von Badgastein und Böckstein (mit 4 Abbildungen). S 14.80

Pohl-Rüling Johanna: Über die Durchlässigkeit von Gummi und Plastikstoffen für Radium-Emmanation (mit 1 Abbildung). S 4.—

Pohl-Rüling Johanna und Pohl E.: Neue Bestimmungen des Radium- und Radon gehaltes einiger Austritte der Gasteiner Therme. S 5.—

Przibram K.: Über die Verteilung von Farbzentren und anderen Störungen in natürlichen Steinsalzkristallen (mit 5 Abbildungen) MIR Nr. 503. S 6.60

Schmid E. und Lintner K.: Über die Bedeutung eines Bombardements mit Korpuskularstrahlen für die Plastizität von Metallkristallen (mit 5 Abbildungen). S 12.—

1955 (S II, Bd. 164):

Blaha F.: Einige Wachstumsformen von Cd-Kristallen (mit 10 Abbildungen). S 9.—

Hawliczek F.: Stabilisierte Impulshochspannungsgeneratoren zum Betrieb von Geiger-Müller-Zählern und Szintillationszählern (mit 7 Abbildungen), MIR Nr. 508. S 13.40

Koller K.: Der Atomkern als Elektronenkristall (mit 2 Abbildungen). S 18.—

Koller K.: Der Atomkern als Elektronenkristall, II. Mitteilung (mit 3 Abbildungen). S 10.—

Matiasek Christine: Untersuchungen des Spektrums der Konversionselektronen von Actinium X mit der photographischen Methode (mit 3 Abbildungen), MIR Nr. 511. S 7.90

Matitsch T.: Weitere Versuche zur Entschleierung von β-empfindlichen Emulsionen, MIR Nr. 513. S 4.90

Polak A.: Messungen der elektrischen Leitfähigkeit der Luft in Badgastein. S 16.70

Schedling J. A. und Wein J.: Differentialthermoanalytische Untersuchungen an $CaSO_4 \cdot 2\,H_2O$ und seinen durch Entwässerung entstehenden Folgeprodukten (mit 6 Abbildungen). S 13.—

Tisljar-Lentulis G. und Weinzierl P.: Über eine Methode zur Messung extremer Intensitätsrelationen zwischen positiven und negativen Elektronen (mit 5 Abbildungen), MIR Nr. 510. S 11.—